DELIUS KLASING

Die englische Originalausgabe mit dem Titel INSTANT WEATHER FORECASTING erschien 2016 bei Bloomsburg Publishing PLc, London.

Bibliografische Information der Deutschen Nationalbibliothek
Die Deutsche Nationalbibliothek verzeichnet diese Publikation in der Deutschen Nationalbibliografie; detaillierte bibliografische Daten sind im Internet unter http://dnb.dnb.de abrufbar.

6. Auflage
ISBN 978-3-667-10429-8
Die Rechte für die deutsche Ausgabe liegen
bei der Delius Klasing Verlag GmbH, Bielefeld

Lektorat: Felix Wagner
Umschlaggestaltung: Jörg Weusthoff, Weusthoff Noël, Hamburg
Titelfoto: Dr. Michael Sachweh
Satz: Bernd Pettke · Digitale Dienste, Bielefeld
Printed in China 2024

Delius Klasing Verlag, Siekerwall 21, D-33602 Bielefeld
Tel.: 0521 / 559-0, Fax: 0521 / 559-115
E-Mail: info@delius-klasing.de
www.delius-klasing.de

Ein Wetterführer in Farbbildern für Wanderer, Angler und Fischer, Segler und Motorbootfahrer, für alle Freiluftsportler, Urlauber und auch Landwirte: für alle, für die das kurzfristig zu erwartende Wetter von entscheidender Bedeutung ist.

Alan Watts

DAS WETTER IN BILDERN

Wettervorhersage nach Wolkenfotos

Delius Klasing Verlag

Inhalt

Vorwort

Im heißen Sommer 1967 setzte ich mich nur zögernd daran, dieses Buch zu schreiben. Es war ein Einfall, den ich kurz zuvor mit James Moore ausprobiert hatte, der damals Lektor der Adlard Coles Edition im Verlag Granada Publishing war. Er schien mehr als versessen darauf, dass ich das kleine Buch schreiben sollte, aber ich war damit beschäftigt, ein Physikbuch zusammenzustellen und wollte von diesem, wie mir schien, wichtigen Werk nicht abgelenkt werden. Bald fand ich heraus, dass James Recht hatte – das Physikbuch hat nie das Licht der Welt erblickt, aber dieses Buch ist seit seinem spektakulären Erscheinen 1968 immer wieder in Druck gegangen. Bis dahin hatte ich nur zwei Bücher mit relativ geringen Auflagenhöhen geschrieben und ich war verblüfft, dass meine Herausgeber eine Erstauflage von 75.000 vorsahen, um den Buchhandel in ganz Europa und in Amerika versorgen zu können. Jim war zuversichtlich genug, um anlässlich des Erscheinens eine Pressekonferenz einzuberufen. Dann schrieb ich plötzlich für das angesehene Sunday Times Magazine Bildunterschriften zu einer Reihe meiner Wolken- und Wetterfotos. Ich fand es erstaunlich, dass mein Buch die inoffizielle Bestsellerliste anführte. Es war eine berauschende Zeit für einen jungen Autor. überall waren die Rezensionen hervorragend. Die Kritiker schienen für ein Buch über das schwierige Thema Meteorologie, das sie direkt nutzen konnten, empfänglich zu sein, auch wenn sie nicht ganz verstanden, wie ich zu meinen Schlussfolgerungen gekommen war.

Die Möglichkeit, direkt einzutauchen und das Vorhersagespiel zu beginnen, und der besondere Reiz der ganzseitigen Bilder machen dieses Buch so erfolgreich, dass es nach fast einem halben Jahrhundert jetzt neu aufgelegt wird. Nach kleinem Beginn hat es sich zu einem Nachschlagewerk entwickelt, das anschaulich alle Aspekte des Geschehens am Himmel beschreibt und auch interessante Phänomene wie Regenbogen und Halo, Eisblumen und das Märchenland, das sich bildet, wenn gefrierender Nebel die Bäume mit Raureif bemalt. Dennoch sind solche sonst unwiderstehlich malerischen Fotos nichts für dieses Buch. Es ist vor allem ein praktisches Buch. Es enthält nicht meine imposantesten Bilder, weil diese einfach nicht angemessen die Wettererscheinungen illustrieren, die abgehandelt werden.

Dieses Buch kann nicht überall auf der Welt angewendet werden. Ich habe jahrelang eine ziemlich umfangreiche Korrespondenz über dieses Thema geführt, und ein Brief aus Südafrika besagte, dass eine Vorhersage hiernach nicht funktioniere. Ich musste ihm antworten, dass das nicht überrasche, weil es für Länder in gemäßigten Breiten geschrieben sei, in denen Tiefs und Hochs sich um die Hemisphäre jagen, und dass man nicht erwarten dürfe, dass es für das Innere Afrikas genauso gut anwendbar sei. Während dieser Band überall zwischen Vancouver und Vladivostok (oder zwischen Santiago und Sydney) gut zu gebrauchen ist, verliert er, wenn wir in die Tropen, besonders nach Afrika und in die Karibik, gehen, an Gültigkeit. Und denen, die im Schatten hoher Bergketten leben, wird es nicht so zuverlässig für die Wettervorhersage erscheinen wie den Bewohnern der Küsten Europas.

Jeder, der einen Roman schreibt, hofft, dass das Buch über Nacht zu einem Bestseller wird. Sachbücher wie dieses brauchen etwas mehr Zeit. Ich schätze, dass wir in den vergangenen mehr als vierzig Jahren weltweit etwa eine Million Bücher in einem Dutzend Sprachen verkauft haben. Ich hoffe, dass diejenigen, die diese neue Ausgabe erwerben, ihren Wunsch nach Wetterprognosen ebenso erfüllt sehen wie die vielen Leser vor ihnen.

Alan Watts

Wie benutze ich dieses Buch?

Nimmt der Himmel ein bestimmtes Aussehen an, so lässt sich daraus oft genug auf eine der Regel entsprechende Entwicklung des Wetters schließen. Wir sehen einen regendrohenden Himmel, einen Gewitterhimmel, einen roten oder sogar einen blauen Himmel. Darf man aber wirklich sicher sein, dass das Wetter, das sich in solchen Wolkenbildungen oder einem wolkenlosen Himmel ankündigt, nun auch tatsächlich eintreffen wird? Bekanntlich kann ein nach Regen aussehender Himmel vergehen, ohne dass auch nur ein Tropfen fällt, Gewitterwolken bringen durchaus nicht immer ein Gewitter, und einem Abendrot pflegt nicht unbedingt eine stille Nacht zu folgen. Man kann also keineswegs sicher sein.

In 24 Wolkentafeln – mit kurzen Erläuterungen – lassen sich nur die auffälligsten Wettererscheinungen darstellen; hinzu kommt, dass das Wetter sich manchmal nicht nach den üblichen Regeln entwickelt. Dennoch werden sich die Wolkentafeln in 75 Prozent aller Fälle im Großen und Ganzen für die Vorhersage des Wetters in den nächsten Stunden als nützlich erweisen.

Wenn man dieses Buch sinnvoll benutzen will, muss man zunächst jenes Wolkenbild aufschlagen, das dem gegenwärtigen Himmel am ähnlichsten ist (die Wolkentafeln mit Kurzbeschreibungen befinden sich im zweiten Teil des Buches, beginnend auf Seite 16). Anschließend suche man nach den Hauptkennzeichen des Wetters und lese die Erklärung. Scheint auch die der augenblicklichen Wetterlage zu entsprechen, so berücksichtige man des Weiteren die wesentlichsten meteorologischen Einflüsse wie etwa Windverhältnisse und Niederschläge, um sich dann eine Meinung über den wahrscheinlichen Ablauf des Prozesses und seine voraussichtliche Dauer zu bilden. Irrtümer sind am wahrscheinlichsten bei der Zeitbestimmung. Steht schlechtes Wetter bevor, so ist es besser, den Zeitpunkt, zu dem es einsetzen wird, eher früher anzunehmen als zu spät – ganz besonders auf See.

Dieses Buch will nicht den Eindruck erwecken, es existiere eine Methode, mit der jeder leicht und schnell sein eigener Wetterprophet werden kann. Vielmehr vermittelt es die langjährigen Erfahrungen eines Berufsmeterologen. Wer sich diese zunutze macht, wird in der Beurteilung des zu erwartenden Wetters zweifellos sicherer werden.

Die Wetterverhältnisse, die in diesem Buch beschrieben werden, sind vorwiegend in den gemäßigten Zonen der nördlichen Erdhälfte anzutreffen. Es wäre unmöglich, hier eine vollständige Übersicht aller etwa auftretenden Wetterverhältnisse für sämtliche Gegenden und zu allen Jahreszeiten zu geben. Beispielsweise mag dort, wo Niederschläge als Regen angegeben werden, während der Wintermonate Schnee fallen. Wie sich die Regeln, die sich aus der Richtung und dem Wechsel der Winde ergeben, auf die südliche Erdhälfte anwenden lassen, wird auf Seite 7 und 18 erläutert.

Wo immer der Beobachter sich auch befinden mag: die Wolken in hohen Luftschichten sowie auch andere Phänomene, auf denen die kurzfristigen Wettervorhersagen beruhen, sagen überall das Gleiche aus. Dennoch sollte er sich darüber im Klaren sein, dass in Lee von Bergen oder mitten auf Kontinenten oder auf dem Ozean bisweilen erhebliche Abweichungen von den hier dargestellten Wetterverhältnissen möglich sind. Auch wird man in gewissen Gegenden, etwa in den USA oder auch in Mitteleuropa, wo die Luftströmungen durch ihren langen Weg über Land, durch Seen und Berge abgelenkt werden, eine Wetterlage antreffen, die sich von dem veränderlichen Wetter des Nordatlantiks durchaus unterscheidet.

Die Temperaturangaben beruhen auf »Gefühlswerten«, entsprechen der tatsächlichen Lufttemperatur also nicht immer. Denn die Windgeschwindigkeit bewirkt oft eine Abkühlung des Körpers, was den Einfluss hoher Lufttemperatur aufhebt. Andererseits kann es an einem ruhigen, klaren Wintertag bitterkalt werden, ohne dass die Lufttemperatur sich verändert – und zwar weil Wind aufkommt.

Da der Wassersportler an Wettervorhersagen vor allem während seines Urlaubs interessiert ist, werden hauptsächlich die Phänomene jener Jahreszeiten beschrieben, in denen das Wetter Tätigkeiten im Freien erlaubt. Wenn in den Kurzbeschreibungen Angaben über die wahrscheinliche Entwicklung und Änderung des Wetters fehlen, so bedeutet das, dass darüber nichts Besonderes ausgesagt werden kann. Es heißt jedoch nicht, dass Wetterveränderungen überhaupt nicht stattfinden werden, vielmehr werden sie relativ geringfügig sein.

Die Querwind-Regeln

Veränderliches und dann oftmals unangenehmes Wetter entsteht, wenn eine Folge von Tiefs (oder Tiefdruckgebieten) über eine Gegend hinwegzieht. Bodenwinde neigen dazu, zurückzudrehen (entgegen dem Uhrzeigersinn), wenn das Wetter schlechter wird, drehen aber im Uhrzeigersinn weiter (rechtsdrehend), wenn besseres Wetter im Anmarsch ist. Diese Regeln sind freilich recht ungenau, denn ganz rechts in Abb. 1 sieht man, dass der Wind entgegen dem Uhrzeigersinn zurückdreht, obwohl gutes Wetter naht. Im Übrigen weht der Wind südlich der Zugbahn des Tiefs rechtsdrehend, nördlich dreht er entgegen dem Uhrzeigersinn. In den gemäßigten Breiten der südlichen Erdhälfte verhält es sich umgekehrt: Dort setze man rückdrehend für rechtsdrehend und rechtsdrehend für rückdrehend.

Aus Abb. 1 ergeben sich sehr viele nützliche Regeln: Ein vereinfachtes Oberflächentief mit seinen Fronten zieht gegen Osten, angetrieben durch Winde von hoher Geschwindigkeit in den oberen Luftschichten. Für unsere Zwecke soll der Wind, der parallel zu den Isobaren dicht über der Oberfläche weht, »Bodenwind« genannt werden, der Wind in den Schichten der mittelhohen und hohen Wolken »Höhenwind«.

Diese Winde sind keineswegs unabhängig voneinander; die Art und Weise, wie sie einander kreuzen oder parallel zueinander wehen, wird durch die Temperatur der sich fortbewegenden Luftmassen bestimmt. So bildet bei A, wo die Warmluftmasse des Tiefdruckgebietes ein wenig später eintrifft, der Bodenwind einen rechten Winkel mit dem Höhenwind. Ebenfalls im rechten Winkel, aber in entgegengesetztem Sinn, geschieht ein Gleiches bei C hinter der Kaltfront, wo die wirkliche Kaltluftmasse eindringt. Diese Kaltluft wird unter Umständen eine Wetteränderung von stürmischen Regenschauern zu schönem Wetter bewirken.

Bei A verschlechtert sich das Wetter, während es sich bei C bessert. Somit gelangen wir zu folgenden Richtlinien, die wir als »Querwind-Regeln« bezeichnen wollen:

1. Man stelle sich mit dem Rücken gegen den Bodenwind. Wenn dann die Höhenwinde (oder Wolken) von links kommen, wird sich das Wetter normalerweise verschlechtern.

2. Kehrt man dem Bodenwind den Rücken zu und die Höhenwinde (oder Wolken) kommen dann von rechts, so tritt normalerweise eine Wetterbesserung ein.

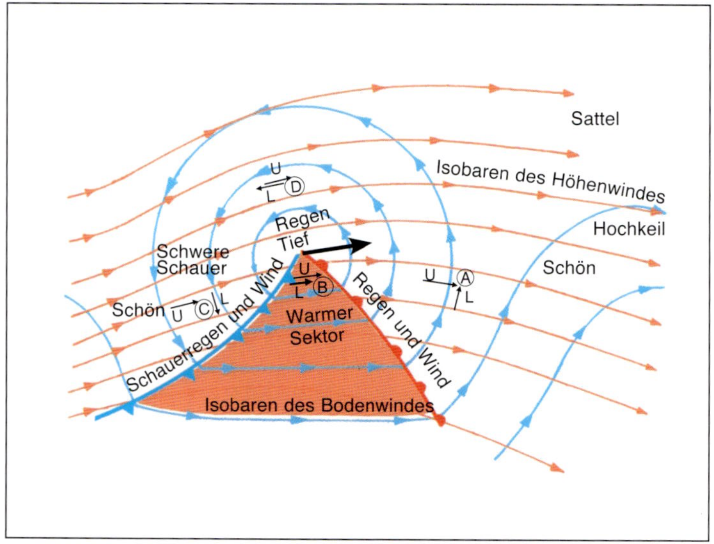

Abb. 1 *Grafische Darstellung der Querwind-Regeln.*

Diese Regeln gelten für die nördliche Erdhälfte. In den gemäßigten Breiten der südlichen Hemisphäre haben sie dann Geltung, wenn man den Bodenwinden das Gesicht zukehrt.

Genau genommen ist der Bodenwind nicht dasselbe wie der Wind an der Erdoberfläche. Im Idealfall erkennt man die Richtung des Bodenwindes am Zug der Cumuli, Stratocumuli oder anderer tief fliegender Wolken. Der Oberflächenwind weht in einem Winkel zu den Isobaren aus dem Hochdruckgebiet ins Tiefdruckgebiet hinein. Der Winkel beträgt über Land im

Die Querwind-Regeln

Durchschnitt etwa 30 Grad, über See etwa 10 Grad. Um also den Bodenwind vom Oberflächenwind zu unterscheiden – wobei man sich davor hüten muss, ihn mit Land- oder Seebrisen, Tal- oder Bergböen zu verwechseln –, kehre man dem Oberflächenwind den Rücken zu und drehe sich im Uhrzeigersinn um die entsprechenden Grade des jeweiligen Winkels. Dann steht man zuletzt ungefähr mit dem Rücken zum Bodenwind.

Der dritte Teil dieser Regeln ist auf Abb. 1 unter B und D dargestellt. Hier bilden die Luftmassen tatsächlich vom Scheitel bis zur Basis der Troposphäre eine Einheit, und die Höhen- wie die Bodenwinde wehen entweder parallel in gleicher oder parallel in entgegengesetzter Richtung. Das bedeutet, dass keine Hauptfront unmittelbar im Raum steht, und so dürfen wir sagen:

3. Wenn, den Rücken dem Bodenwind zugewandt, die Höhenwinde (oder Wolken) in derselben bzw. entgegengesetzter Richtung ziehen, wird sich das Wetter normalerweise kurzfristig nicht sehr viel ändern.

Hinweise, wie man die Richtung und Geschwindigkeit des Höhenwindes an den Wolken erkennt, findet man in den Erläuterungen zu den Wolkentafeln, die zumeist so ausgewählt wurden, dass sie beim Anwenden der Regeln für die Wettervorhersage eine Hilfe sind. Sie reichen indessen nicht aus, das Wetter von morgen vorherzubestimmen, doch sie können dazu beitragen. Sie gelten nur für die nächsten Stunden oder halben Tage, manchmal aber auch für eine etwas längere Zeitspanne, je nach der Bewölkung im Augenblick des Beobachtens.

Diese Beschreibung der Querwind-Regeln erhebt nicht den Anspruch, in jeder Hinsicht vollständig zu sein, doch genügt sie für die Zwecke dieses Buches.

Erklärung der verwendeten Fachwörter

Antizyklone oder Hochdruckgebiet. Ein Gebiet mit sich zu Boden senkender Luft, mit ausströmenden Oberflächenwinden und aufklarendem Himmel. Manchmal jedoch, besonders im Winter, ist der Himmel bei Hochdrucklage tagelang vollständig bedeckt.

Bezeichnung	Abkürzung	Typische Kennzeichen	Herkunft
maritim-tropisch	mT	vorwiegend wolkig, mit Regen und Nieselregen; wenig Sicht, neblig (Tafeln 9, 10, 22)	Azorenhoch
maritim-polar	mP	Schauer und Schönwetterperioden; gute Sicht (11, 12, 13, 15, 24)	Polarhoch
rückläufig maritim-polar	rmP	kühl, aber Schönwetter; gute Sicht (19, 21)	wie bei mP, aber gemildert durch Ziehen über See
kontinental-polar	cP	ungemein kalt; im Winter oft wolkig	Sibirienhoch
kontinental-tropisch	cT	sehr warm; oftmals wolkenlos (7, 17)	Südeuropa oder Nordafrika

Bewölkt ist der Himmel, wenn er nahezu völlig mit Wolken bedeckt ist.

Bewölkungsgrad wird in Achteln der Himmelsfläche angegeben. Gemeint ist damit die Wolkendecke im Beobachtungsgebiet. Zum Beispiel kann ein westlicher Himmel voller Cirrus- und Altostratuswolken vor einer heraufziehenden Wetterfront als eine halbe Bedeckung – entsprechend vier Achteln der Himmelsfläche – angesprochen werden, während ein unbestimmbares Gewölk am Rande eines sonst klaren Himmels, das sich offenbar nicht schnell bewegt, keine Bedeckung darzustellen braucht.

Erklärung der verwendeten Fachwörter

Castellanus – Türmchenwolken – sind turmförmige Cumuli, die aus Streifen von Altostratuswolken hervorwachsen. Diese Wolkenbildung kündigt gewittrige Entladungen binnen weniger Stunden an. Siehe Tafeln 7, 17.

Depression oder Tiefdruckgebiet. Ein Gebiet vorwiegend aufsteigender Luft mit Niederschlägen und starken Winden. Ein Tief ist ein Schlechtwettersystem, obschon alte Tiefs ohne Fronten nicht immer schlechtes Wetter bringen.

Druckneigung. Das zeitliche Luftdruckgefälle (die Tendenz) sei hier in folgenden Mittelwerten angegeben, jeweils innerhalb von drei Stunden:

Maximales Sinken oder Steigen: 8 bis 10 Hektopascal oder mehr.
Rasches Sinken oder Steigen: 6 bis 8 Hektopascal.
Mäßiges Sinken oder Steigen: zwischen 3 und 6 Hektopascal.
Langsames Sinken oder Steigen: weniger als 3 Hektopascal.

Die Werte werden für einen Zeitraum von drei Stunden angegeben, um feststellen zu können, ob die Drucktendenz sich als wirkliche Veränderung erweist und nicht als zeitlich begrenzte, geringe Schwankung.

Fallstreifen sind Schauer von Eispartikeln aus hohen, für gewöhnlich Cirruswolken, die einige Tausend Meter aus den oberen Luftschichten niedersinken. Während des Fallens werden sie abgelenkt von dem Wind einer niedrigen Schicht, der normalerweise weniger stark ist als der im obersten Gebiet des Schlechtwettersystems. So scheinen sie nach hinten, schräg vom Haupt ihrer Ursprungswolke, fortzustreben. Infolge des wechselseitigen Zusammenhanges von Wind und Temperatur der Luftmassen liegt die allgemeine Richtung, in welche die Ausläufer der Fallstreifen zielen, dort, wo Erklärung der im Text verwendeten Fachwörter eine warme Luftmasse vorhanden ist. Deshalb streben Fallstreifen vor Warmfronten oft nach Südwest, hinter Kaltfronten aber nach Südost (auf der südlichen Erdhälfte sinngemäß nach Nordwest bzw. nach Nordost).

Dichte Fallstreifen bringen bei sehr starkem Nachlassen der Windgeschwindigkeit mit abnehmender Höhe die Jetstrombänder (Tafel 1) hervor. So entstehen Fallstreifen in einer Richtung vor weniger starken Schlechtwettersystemen (Tafeln 2, 3) und auch hinter solchen Systemen wie in 16 beschrieben. Vor sommerlichen Gewittertrögen sind sie dicht, gewunden und mehr vertikal. Senken sie sich nach verschiedenen Richtungen, dauert das gute Wetter fort. Strömen sie parallel zum Oberflächenwind aus, steht keine unmittelbare Wetteränderung bevor (Tafel 20).

Feinwetter und Schönwetter. In diesem Buch bedeutet der Ausdruck »Feinwetter«, dass der Himmel vorwiegend klar ist, mit weniger als zwei bis drei Achteln Bedeckung, während mit »Schönwetter« ein teilweise bewölkter Himmel mit einem Bewölkungsgrad zwischen drei und sechs Achteln bezeichnet wird. In beiden Fällen gibt es keinerlei Niederschläge. Bei Nacht hat das Wort »klar« die gleiche Bedeutung wie »fein«.

Fetzenwolken – pannus – nennt man eine Stratusform, die durch turbulente Winde entsteht, welche die Luft unterhalb einer Wolkendecke, aus der Regen, Schnee oder Hagel fällt, emporführen und abkühlen. Der Hagel erreicht den Boden nicht immer, weil er während des Fallens verdunstet und somit den Feuchtigkeitsgrad der Luft erhöht. Das Auftreten der Wolkenfetzenformation sagt daher unmittelbar folgenden Regen voraus. Sobald es jedoch tatschlich zu regnen begonnen hat, wird sie zu einer totalen Bedeckung in etwa 300 Meter Höhe, wie auf Wolkentafel 5 zu sehen ist.

Floccus. Eine Form von Altocumulus, verbunden mit gewittrigem Wetter, die an das flockige Fell eines Schafes erinnert. Sie tritt häufig im Verein mit Türmchenwolken auf.

Fractus nennt man eine Art der Stratuswolken, die in Form zerfaserter Teile auftritt, wenn diese niedrige Wolkenschicht sich bildet oder zerstreut.

Frost braucht zum Entstehen kalte Luft und klaren Himmel. Zuerst tritt er in Mulden und tief liegenden, windgeschützten Gebieten auf. Die Temperatur des Bodens sinkt unter den Gefrierpunkt (Bodenfrost). Hält die Abkühlung an, geht sie auf die Luft über dem kalten Boden über (Luftfrost). In Verbindung mit mäßigem Wind kann leicht ein strenger Frost entstehen.

Gewitter treten als Einzelerscheinungen (Luftmassengewitter) auf (Tafel 13), in Fronten (Frontgewitter, Tafel 8) oder auch in Gebieten mittleren Drucks (Sattel). Ein Einzelgewitter ist ein Gebiet mit steigenden und fallenden Luftströmungen, das eine Lebensdauer von 20 bis 30 Minuten hat. Werden sie durch einen frontalen Hub (besonders vor Kaltfronten) unterstützt, so bringen die durch Regen und Hagel verursachten Fallströmungen »Walrücken« aus kalter Luft rings um den Ursprungsherd hervor und heben die dort befindliche Luft in neue Zellen empor. Diese Tochterzellen nähren sich von ihren schwindenden Erzeugern. Gewitter von mittlerer Höhe haben ihre Basis in etwa 2000 bis 3000 Metern über der Erdoberfläche, und sie folgen auf solche Himmelserscheinungen, wie sie in den Tafeln 7 und 17 gezeigt werden, je nach den Windrichtungen darber und darunter (Querwind-Regeln).

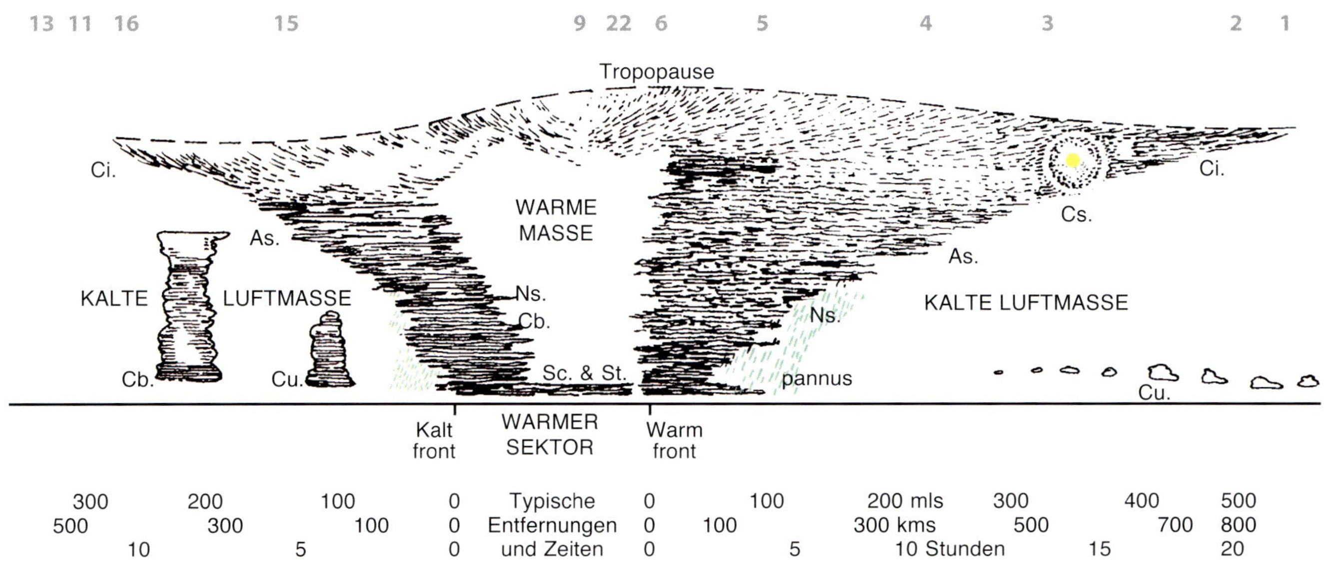

Abb. 2 *Querschnitt durch die Front eines sich entwickelnden Tiefdruckgebietes. Die Entfernungen und Zeiten sind typisch; sie gelten für Wolken und Wetterverhältnisse vor der Warmfront und hinter der Kaltfront. Der warme Sektor kann für viele Stunden bestehen oder auch gar nicht vorhanden sein. Im letzteren Falle wird das Tief zur Okklusion. Wenn die kalte und die warme Front zusammentreffen, bildet sich eine Okklusionsfront. Die Ziffern im Kreis bezeichnen die Tafel, wo das entsprechende Wolkenbild beschrieben ist. Die Abkürzungen für die Wolken werden auf Seite 14 erläutert.*

Erklärung der verwendeten Fachwörter

Gewitterhimmel zeigt in Reihen angeordnete Wolkenteile; die Verschiedenheit ihrer Ausrichtung in den jeweiligen Höhen erweckt jedoch den Eindruck des Chaotischen. Mithilfe der Querwind-Regeln lässt sich die Vorhersage der Wetterentwicklung bei Tafel 7 von der bei Tafel 17 unterscheiden.

Gewitterregen folgt dem Erscheinen chaotischer Fallstreifen, Sprenkelungen, Bändern und Wellen beim Aufbau der mittleren Wolken vor einer Warmfront.

Hier und da sind es schwere Regenfälle, aber nicht notwendigerweise Gewitter, sondern eben nur gewitterähnliche Erscheinungen.

Hochdruckgebiet – siehe Antizyklone.

Hochkeil. Eine Zunge hohen Druckes, die zumeist von einem ausgedehnten Hoch ausgeht und in der die Luft sich senkt. Siehe Abb. 1, Seite 7.

Instabile Luftströmungen sind Luftströmungen, in denen die Luft fortwährend bis zu einer beträchtlichen Höhe der Atmosphäre aufsteigt. Schließlich wird eine Inversion ihrem Aufstieg Halt gebieten und die Wolken in einer bestimmten Höhenschicht abschneiden. Die höchste und am wenigsten durchdringbare Schicht, die von Wolken erreicht werden kann, ist die Tropopause. Cirrus- und Cumulonimbuswolken bleiben mit ihren Gipfeln immer noch unterhalb der Tropopause, die in den gemäßigten Breiten beider Hemispähren rund 13 Kilometer über der Erdoberfläche liegt. Ihre Höhe über den Polen beträgt etwa 8 Kilometer und bis zu 18 Kilometer über dem Äquator.

Instabile Luftströmungen sind gekennzeichnet durch Cumuluswolken, aufsteigenden und zerfließenden Rauch, gute Sicht und mäßige Temperaturen.

Inversion – Umkehrschicht. Normalerweise sinkt die Lufttemperatur mit der Höhe um durchschnittlich 5,5 Grad Celsius pro 1000 Meter. Kühlt sich der Boden während der Nacht und bei ruhigem Wetter ab, so wird auch die Luftschicht in Bodennähe kälter, während die höheren Luftschichten warm bleiben. Hierdurch wird das Verhältnis umgekehrt, und für eine gewisse Strecke nimmt die Temperatur mit wachsender Höhe zu. Ungemein starke Inversionen entstehen dort, wo Luftmassen aus höheren Schichten absinken und sich erwärmen. Die Tropopause (die obere Grenze der Troposphäre) stellt eine solche starke und anhaltende Inversion dar, die das unter ihr herrschende Wetter gegen sämtliche Einflüsse von oberhalb abschließt. Alle Inversionen, gleich in welcher Höhe, halten Schichtwolken wie Stratocumulus gefangen und legen gleichsam einen Deckel auf die unter ihnen befindlichen Luftschichten.

Jetströme. Luftströmungen von hoher Gewindigkeit winden sich um die gemäßigten und subtropischen Breiten beider Erdhälften. Sie befinden sich normalerweise in etwa 10 Kilometern Höhe, und sie hängen mit dem Entstehen und mit den Bewegungen von Tiefdruckgebieten zusammen. Sie bringen charakteristische Wolken (Tafel 1) hervor und sind daher ein Hilfsmittel, um herannahendes schlechtes Wetter vorauszusagen. Der Jahreszeit nicht entsprechende Wetterverhältnisse treten dann auf, wenn diese Luftströmungen ihre gewöhnlichen Breitengrade verlassen.

Kaltfront. Die Grenzfläche zwischen Warmluftmassen (meist maritim-tropisch) und Kaltluftmassen (meist maritim-polar). Kaltfronten ziehen doppelt so schnell wie Warmfronten. Die Frontfläche der Kaltfront fällt nach rückwärts steiler ab als die der Warmfront. Siehe Abb. 2, Seite 10.

Knoten. Ein Knoten ist die Geschwindigkeit von einer Seemeile (1852 m) pro Stunde. Windgeschwindigkeiten werden häufig in Knoten angegeben.

Kondensstreifen von Flugzeugen helfen, Geschwindigkeit und Richtung der Höhenwinde zu bestimmen. Wenn sie dicht sind, deutet dies auf die Wirkung einer Warmfront. Wenn sie sich auflösen, kann man auf relative Trockenheit der oberen Atmosphäre und wenig Wahrscheinlichkeit für eine erhebliche Wetterverschlechterung schließen. Höhenwinde von großer Geschwindigkeit zerstreuen die Kondensstreifen schnell. Fasern Kondensstreifen nach der Seite hin aus, so weht der Wind quer zu ihnen, wie in Tafel 3. Bilden sie türmchenähnliche Gipfel, so weht der Wind parallel zu ihnen.

Luftmassen stammen aus wetterbeständigen Regionen, den großen, auch Antizyklone genannten Hochdruckgebieten.

Nebel kann durch die vom Erdreich ausgestrahlte Wärme entstehen (Tafel 14) und, vom Sog eines Windes fortgerissen, zum Advektionsnebel werden (Advektion = Transport von Luft in horizontaler Richtung) oder (10) beim Auftreten warmer Winde über kaltem Boden, etwa bei plötzlichem Tauwetter. Die Gefahr von Strahlungsnebel besteht vor allem während der Nacht bei ruhigem Wetter, und sie erhöht sich durch das Auftreten von Immissionen. Gebiete unterhalb oder leewärts von besiedelten Flächen sind ihr besonders ausgesetzt. Normalerweise zerstreut sich Strahlungsnebel bei Sonnenlicht, doch können Wolken die Sonne abschirmen und so die Bildung beharrlicher Nebel begünstigen. Wenn es sich zur Winterzeit bei derartigen Wolken um Stratocumuli handelt, kann Smog entstehen.

Advektionsnebel tritt vor Störfronten auf, ebenso an Frühlings- und Sommertagen, wenn die Seebrise zu wehen beginnt. Der Wind hebt den Nebel manchmal und verwandelt ihn in niedrig ziehende Stratuswolken.

Nebulosus nennt man eine Stratusbewölkung, die mit einer völligen, sehr niedrigen Bedeckung einhergeht (Tafel 22).

Okklusion. Kalte Fronten bewegen sich schneller als warme, sodass unter Umständen eine Kaltfront eine Warmfront überholen kann und die warme Luft von der Erdoberfläche nach oben abgehoben wird. In Abb. 3 auf Seite 13 hat dieser Prozess im Tief bei New York bereits seinen Anfang genommen; im Tief über den Färöern ist er eben dabei, zu beginnen. Das Gebiet zwischen kühler Luft vorne und der kalten Luft dahinter wird eine kalte Okklusion genannt. Ist die Luft hinter der Front aber wärmer als die vor ihr, so handelt es sich um eine warme Okklusion. über den meisten Landgebieten treten häufiger Okklusionen als andere Arten von Fronten auf.

Pannus – siehe Fetzenwolken.

Rechtsdrehend und rückdrehend. Man sagt vom Wind, er sei rechtsdrehend, wenn er seine Richtung im Uhrzeigersinn ändert, und rückdrehend, wenn die Änderung seiner Richtung entgegen dem Uhrzeigersinn erfolgt.

Rinne – siehe Trog.

Sattel. Ein Gebiet mittleren Druckes zwischen zwei Hochs und zwei Tiefs.

Schauer werden durch feuchte, instabile Luftströmungen (maritime Polarluft) hervorgerufen. Hügelhänge zwingen schauerbringende Luftströmungen, ihre Feuchtigkeit als Regen oder Schnee abzugeben, und so kann es in Lee von Hügeln oder Bergzügen niederschlagsfreie Gebiete geben. Im Binnenland können sich, wenn der Morgen klar und kühl ist, am späten Vormittag oder frühen Nachmittag Schauer bilden (Bild 11), doch die meisten Schauer fallen in Tiefdrucktrögen (12). Im Binnenland, fern von Luvküsten, sind die Nächte dann klar, die Sterne sehr hell.

Schleierwolken – Virga – sind aus niedrigen Wolken heraushängende Schleier unterhalb der tiefsten Teile aktiver Fronten. Sie können fast den Boden berühren, vor allem, wenn es schneit.

Schönwetter – siehe Feinwetter.

Seewind. Lokal begrenzter Wind, der an schwachwindigen, sonnigen, warmen Tagen tagsüber von See auf die Küste weht. Er kann bis zu 20 Kilometer von der Küste im Binnenland zu spüren sein, ebenso lang kann sein Anlaufweg über See sein.

Seewindfront. Wenn leichte Winde von Land auf den Seewind treffen, entsteht eine Art Mini-Kaltfront. Hier springt der Wind um.

Stabile Luftströmung. Eine Luftströmung ist stabil, wenn sie, durch Erwärmung oder durch Hügel und Bodenhindernisse zum Aufsteigen gezwungen, die Neigung zeigt, wieder abzusinken. Eine Luftströmung kann stabile Schichten über labilen aufweisen oder auch umgekehrt. Eine tiefere, nicht stabile Schicht wird durch eine Temperatur-Inversion von einer höheren, stabilen geschieden. Anzeichen stabiler Luftströmungen sind Schichtwolken, sich senkender Schornsteinrauch mit der Tendenz, zusammenzuhalten, schlechte Sicht sowie extreme Temperaturen. Luftströmungen, die wärmer sind als die Erdoberfläche unter ihnen, sind in Bodennähe stabil.

Steigungsregen. Regen, der durch das Aufsteigen feuchter Luft an Hügeln entsteht. Über Gebirgen kann es dabei zu allen Jahreszeiten Niederschläge als Schnee oder Graupel geben. Luftströmungen, die über offenem Land oder über den Küstenebenen keinerlei Niederschläge verursachen, können schwere, anhaltende Regenfälle, Schauer, Gewitter usw. mit sich bringen, wenn sie gezwungen sind, Hügelrücken zu überqueren.

Stratosphäre. Schicht der Atmosphäre oberhalb der Tropopause. Wetterprozesse von irgendwelcher Bedeutung finden in ihr nicht statt.

Tagesgang. Die Lufttemperatur dicht über dem Erdboden erreicht ihren höchsten Wert kurz nach Mittag, ihren niedrigsten bald nach der Morgendämmerung (Sonnenzeit). Der Wechsel zwischen Maximum und Minimum wird der »Tagesgang« der Lufttemperatur genannt. Windgeschwindigkeiten und die Bedeckung mit Cumuluswolken zeigen dieselben täglichen Schwankungen. Ihr Maximum erreichen sie am frühen Nachmittag, ihr Minimum um die Morgendämmerung. Die Luftfeuchtigkeit dagegen erreicht ihren niedrigsten Wert am Nachmittag, ihren höchsten in der Dämmerung.

Tiefdruckgebiet – siehe Depression.

Trog, Rinne. Eine Region, häufig die Erweiterung eines Tiefs, in der die Luft vorwiegend aufsteigt, was zu Regenfällen, Schauern usw. sowie zu zeitweiliger Wetterverschlechterung führt. Es gibt zwei Arten: frontale Tröge und Luftmassentröge. Erstere verdanken ihr Entstehen einer – für gewöhnlich alten Front, während die anderen sich in instabilen polaren Luftströmungen, vor allem an der Rückseite von Tiefdruckgebieten, bilden.

Tropopause nennt man die in etwa 12 bis 13 Kilometern Höhe befindliche Region der Atmosphäre, die gleichsam als »Deckel« über den Wetterprozessen fungiert, indem sie

Erklärung der verwendeten Fachwörter

jedes weitere Aufsteigen von Luft aus der Troposphäre verhindert. In ihr bleibt die Lufttemperatur auch bei wachsender Höhe konstant.

Troposphäre. Die Schicht der Atmosphäre, in der sich die Wetterprozesse abspielen. In ihr sinkt die Temperatur mit wachsender Höhe, ein Vorgang, der durch die Tropopause aufgehalten wird. Siehe »Instabile Luftströmungen« sowie auch »Inversion«.

Türmchenwolken – siehe Castellanus.

Umkehrschicht – siehe Inversion.

Virga – siehe Schleierwolken.

Warmer Sektor. Der von den Warm- und Kaltfronten eines Tiefdruckgebietes eingeschlossene Block maritim-tropischer Luft. Siehe Abb. 2, Seite 9.

Warmfront ist die Grenzfläche zwischen einer kühlen oder kalten und einer warmen Luftmasse. Die typischen Luftmassen vor der Front sind maritim-polarer Herkunft; sie erwärmen und stabilisieren sich oftmals im Laufe der Zeit. Die hinter der Front befindlichen sind maritim-tropisch. Die Warmfront liegt dort, wo die Warmluftmasse auf die Erdoberfläche trifft. Die hinter der Front befindliche Luft gibt ihr den Namen. Siehe Abb. 2.

Zyklonale Winde. Winde wehen »zyklonal«, wenn sie sich dem Weg des Tiefs entsprechend ändern: Zyklonale Winde drehen im Uhrzeigersinn, wenn ein Tief (auf Nordbreite) nördlich vom Betrachter vorbeizieht, entgegen dem Uhrzeigersinn, wenn es südlich vom Beobachter passiert.

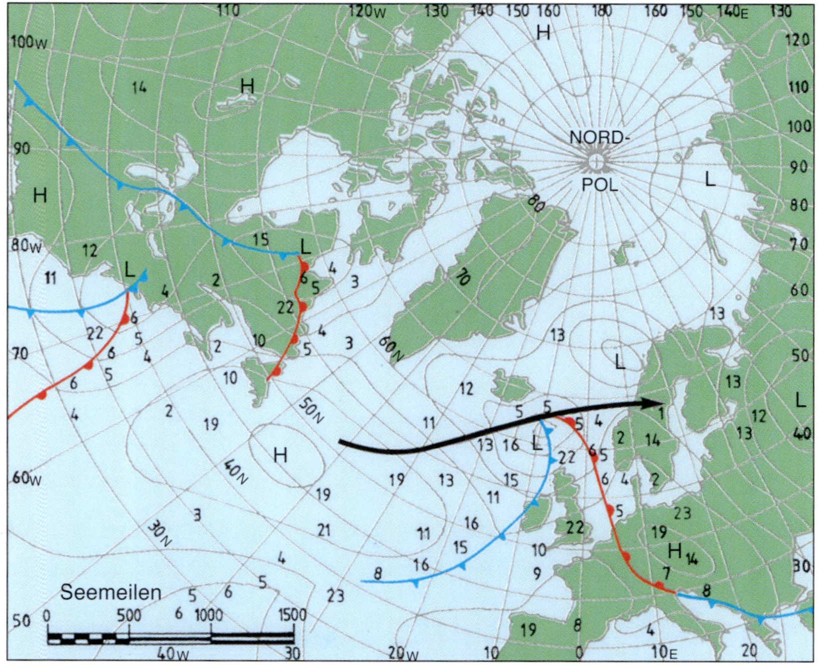

Abb. 3 *Diese Wetterkarte von einem Teil der nördlichen Erdhälfte zeigt die Stellen, an denen die Wolkenbilder 1–24 möglicherweise beobachtet werden können. Der dicke schwarze Pfeil bezeichnet einen Jetstrom. Es handelt sich nur um einen Teil des gesamten Jetstromes, der sich mehr oder weniger gleichförmig um die gemäßigten Breiten schlingt. Jetstrom-Cirren, hier dargestellt, als erschienen sie am Kopf des Jetstroms (Wolkentafel 1), lassen sich irgendwo südlich davon beobachten, doch werden sie oftmals durch die Wolken eines Tiefdruckgebietes verdeckt. Querschnitte durch die Fronten eines Tiefs, wie in Abb. 2, findet man entweder am 55. Grad nördlicher Breite entlang über England oder am 35. Grad nördlicher Breite quer durch den Warmsektor des Tiefdruckgebietes um New York. Die Wetterkarte zeigt eine Situation im November um 12.00 Uhr UTC.*

Einiges über Wolken

Die Bewölkung kann im Allgemeinen in drei Höhenlagen eingeteilt werden:

1. Die Region der tiefen Wolken, deren Basen sich zwischen der Erdoberfläche und 2 Kilometern Höhe befinden.
2. Die Region der mittelhohen Wolken, deren Basen sich in 2 bis 8 Kilometern Höhe befinden.
3. Die Region der hohen Wolken mit Basen in Höhen zwischen 5 und 13 Kilometern.

Im Winter wie auch bei zunehmender Breite sinken die mittelhohen und hohen Wolken unter diese Begrenzung ab. In den Tropen neigen Wolken dazu, über die für ihren Typ sonst geltenden Grenzen emporzusteigen.

Daher können solche Unterteilungen nur ein Anhalt sein. Am besten bezeichnet wird eine Wolke durch ihren Typ – zum Beispiel ist der Cirrus eine höhere Wolke als der Altostratus, der Altostratus eine höhere als der Cumulus usw.

Ferner werden Wolken nach ihrer Form unterschieden:

a) Haufenwolken (Cumulus)
b) Schichtwolken (Stratus)
c) Federwolken (Cirrus)

In der unten stehenden Tabelle werden die Haupttypen von Wolken genannt. Die Ziffern in der ersten Spalte »Höhe und Form« beziehen sich auf die obige Einteilung.

Höhe und Form	Name	Abkürzung	Beschreibung
1a	Cumulus	Cu	Niedrige Haufenwolken von geringer senkrechter Ausdehnung
1ab	Stratocumulus	Sc	Niedrige Haufenschichtwolken, entweder aufgebrochen oder den ganzen Himmel bedeckend
123a	Cumulonimbus	Cb	Haufenwolken von beträchtlicher senkrechter Ausdehnung, die Schauer und Gewitter hervorbringen
1b	Stratus	St	Niedrige oder sehr niedrige ungegliederte Schichtwolken, die Küsten und Hügel bedecken
123b	Nimbostratus	Ns	Schichtwolken von beträchtlicher senkrechter Ausdehnung, verbunden mit schlechtem Wetter
2ab	Altocumulus	Ac	Mittelhohe Haufenwolken in »Inseln« oder »Inselgruppen«, nur selten den ganzen Himmel bedeckend. Ihnen wird in ihrer üblichen Erscheinungsform oft die Bezeichnung »Makrelenhimmel« beigelegt, aber sie kommen auch linsenförmig (lenticularis) und als chaotisches Gewölk an einem Gewitterhimmel (castellanus und floccus) vor.
2b	Altostratus	As	Mittelhohe Schichtwolken
3c	Cirrus	Ci	Hohe Wolken, vorwiegend mit mehr oder weniger dichten Köpfen, von denen Fallstreifen ausgehen und die Haken, Bänder usw. ausbilden; auch »Federwolken« genannt.
3ab	Cirrocumulus	Cc	Hohe Haufenwolken, aneinander gereiht zu scheckigen, geriffelten usw. Flächen. Auch mit dem Ausdruck »Makrelenhimmel« oder »Schäfchenwolken« bezeichnet.
3b	Cirrostratus	Cs	Hohe, ungegliederte Wolken, die oft den gesamten Himmel bedecken und manchmal nur an den Höfen um Sonne oder Mond erkennbar sind.

Windstärken nach der Beaufort-Skala

Wind-stärke	Allgemeine Beschreibung	Anzeichen auf See	Anzeichen an Land	Windgeschw. in m/s
0	Windstille	Spiegelglatte See	Still; Rauch steigt senkrecht empor.	< 0,2
1	Leiser Zug	Schuppenförmige Riffelung, aber ohne Schaumkämme	Windrichtung wird durch verwehenden Rauch angezeigt, nicht aber durch Windfahnen.	0,3–1,5
2	Leichte Brise	Kleine Wellen, noch kurz, aber ausgeprägter. Kämmeerscheinen glasig und brechen nicht.	Wind ist im Gesicht zu spüren; Blätter rascheln; gewöhnlicheWetterfahnen werden bewegt.	1,6–3,3
3	SchwacheBrise	Größere Wellen, Kämme beginnen zu brechen. Glasig aussehender Schaum. Vereinzelt weiße Schaumköpfe.	Laub und kleinere Zweige befinden sich in ständigerBewegung. Der Wind entfaltet leichtere Flaggen.	3,4 – 5,4
4	Mäßige Brise	Die kleinen Wellen werden länger, weiße Schaumköpfeziemlich häufig.	Staub und Papierfetzen werden hochgewirbelt, kleinere Ästebewegt.	5,5–7,9
5	Frische Brise	Mäßige Wellen, die eine ausgeprägtere längere Formannehmen; zahlreiche weiße Schaumkronen bilden sich.Vereinzelt etwas Gischt.	Kleine belaubte Bäume beginnen sich zu neigen, auf Binnenseen bilden sich Schaumköpfe.	8,0–10,7
6	Starker Wind	Lange Wellen beginnen sich zu bilden; die weißen Schaumkronen breiten sich überallhin aus. Etwas Gischt.	Große Äste bewegen sich; man hört Pfeifen in Telegrafendrähten. Schirme sind nur unter Schwierigkeiten zu benutzen.	10,8–13,8
7	Steifer Wind	Seegang türmt sich auf, und weißer Schaum von Brechernbeginnt sich in Richtung des Windes zu legen.	Ganze Bäume sind in Bewegung; fühlbare Hemmung beimGehen gegen den Wind.	13,9–17,1
8	Stürmischer Wind	Mäßig hohe Wellenberge von größerer Länge; Schaumkronen zerflattern zu Gischt; der Schaum wird in deutlichabgesetzten Streifen in Richtung des Windes verweht.	Zweige werden von den Bäumen gebrochen; Winderschwert das Gehen im Freien erheblich.	17,2–20,7
9	Sturm	Hohe Wellenberge; dichte Schaumstreifen in Richtung des Windes; Schaumkronen fangen an, sich zu überschlagen;Gischt kann die Sicht behindern.	Leichte Beschädigungen an Gebäuden treten auf. Schornsteinkappen und Dachziegel werden fortgerissen.	20,8–24,4
10	Schwerer Sturm	Sehr hohe Wellenberge mit langen, überbrechenden Kämmen.Der hierdurch entstehende Schaum wird in dichten weißenStreifen in Richtung des Windes fortgerissen. Die ganzeMeeresfläche nimmt ein weißes Aussehen an. Der Seegangwird schwer und stoß ähnlich. Die Sicht ist behindert.	Wird im Binnenland selten erlebt; Bäume werden entwurzelt. Beträchtliche Schäden an Gebäuden entstehen.	24,5–28,4

Jetstrom-Cirrus

Wetterlage: Ein kräftiges Tiefdruckgebiet liegt luvwärts, und so können innerhalb der nächsten 8 bis 15 Stunden Stürme aufkommen.

Hauptanhaltspunkte: 1. Von Cirrusköpfen gebildete lange, parallel verlaufende Bänder entsenden Schauer von Eiskristallen in die tiefere Region langsamer Winde. Wenn sie sich kräftig entwickelt haben, verbinden sich die Fallstreifen zu Bändern, die sich in Richtung der Höhenwinde ausdehnen. Normalerweise ist diese Richtung West-Ost oder Nordwest-Südost (wie auf dem Bild), Südwest-Nordost auf der südlichen Halbkugel. 2. Wenn man Cirruswolken tatsächlich über den Himmel ziehen sieht, erreichen sie für gewöhnlich eine Geschwindigkeit von über 40 m/s, merkbare Bewegungen bedeuten Geschwindigkeiten der Jetströme von 50 bis 85 m/s.

Erklärung: Jetströme spielen eine Hauptrolle bei der Bildung von jungen, lebhaften Oberflächendepressionen. Diese entwickeln sich einige Hundert Kilometer entlang der Äquatorialen Seite der Jetstrom-Achsen. Die charakteristischen Jetstrom-Wolken zeigen, dass sich möglicherweise eine kräftige Depression bilden und bald heranziehen wird. Da aber die Bänder nach vollendeter Bildung dicht sind, dauert es einige Zeit, bevor sie sich auflösen, und sie können daher die Wachstumsphase der Depression, mit der sie sich bildeten, überstehen. Die Querwind-Regeln vermögen dazu beizutragen, dass man die Wahrscheinlichkeit einer wirklichen Wetterverschlechterung richtig abschätzt. Der sich ausbreitende Kondensstreifen beweist, dass der Wind dort oben von rechts unten weht, also in der Richtung der Wolkenfahnen.

Wetterelement	Tendenz	Normale Entwicklung	Normaler Zeitraum	Gefahr	Mögliche Abweichung
Wind	Auffrischend, rückdrehend in den südlichen Quadranten	Bft 2–4 W bis NW wird zu5–8 nach SW bis SE	6–12 Stunden	Bft 6 in 3–6 Stunden	Heftige Böen oder später Stürme, besonders im Winterhalbjahr auf See
Sicht	Gut oder ungewöhnlich gut, dann nachlassend	50 km oder mehr zu Anfang, dann abnehmend auf 15 km oder weniger	10–15 Stunden	See- und Bergnebel gegen Ende der Periode	
Niederschlag	Regen oder Schnee	Anhaltend, später geringer	10–15 Stunden	Schwerer Regen oder später Schnee	Leicht oder aussetzend, wenn Lage sich nicht entwickelt
Bewölkung	2/8–4/8 Ci, von Westen her zunehmend	8/8 Cs, dann 8/8 As, 8/8 Ns, Sc und Fetzenwolken im Falle wirklicher Verschlechterung	10–15 Stunden	6/8–8/8Sc, verdeckt höhere Wolkenformationen	3/8–6/8 hohe und mittelhohe Wolken, wenn Lage sich nicht entwickelt
Temperatur	Es wird kühler	Noch kälter, wenn Sonne verhüllt und Wind zunimmt	5–10 Stunden	Bitterkalt im Winter Wenig Änderung, wenn Windverhältnisse gleich bleiben	
Luftdruck	Fallend	Mäßiges Fallen unter Ci, aber mit sich vergrößernden Geschwindigkeit. Rasches Fallen führt zu Bft 6–8; auf Seemag der Hauptfall Bft 9–10 bringen.	12–24 Stunden	Starkes Fallen und Erhöhung der Fallgeschwindigkeit (in der Hälfte der Zeit) zeigen den Durchzug des Tiefs an.	Langsames Fallen, daher zögerndes Auffrischen des Windes

2 Cirrus und Cirrostratus

Wetterlage: Wahrscheinlich ist die Warmfront eines Tiefdruckgebietes im Anmarsch, sodass der Wind auffrischen wird und möglicherweise später Regen, im Winter Schnee folgt.

Hauptanhaltspunkte: 1. Ein Zirren-Himmel sieht nicht immer so geordnetaus wie auf Bild 1, aber wenn die Federwolken generell in dieselbe Richtungziehen, wird sich das Wetter schnell verschlechtern. **2.** Mithilfe der Querwind-Regel kann man die Wetterverschlechterung vorhersehen: Der Bodenwind weht dem Beobachter in den Rücken, während die Zirren von links heranziehen (auf der Südhalbkugel von rechts). Das zeigt, dass sich eine warme Luftmasse, d. h. eine Warm- oder Okklusionsfront, nähert. **3.** Gute Sicht, evtl. mit Cumuluswolken, zeigt an, dass man sich in einer trockenen Kaltluftmasse befindet; zu der herannahenden warmen Luft gibt es einen großen Temperaturunterschied, woraus sich eine aktive Front entwickeln wird. **4.** Das Auftreten von Ringhalos zeigt die zweite Staffel von Wolken, die einer Warmfront vorangehen: die Cirrostratus-Wolken. Jetzt werden bald Wind und Regen einsetzen.

Erklärung: Dieses Modell-Erscheinung eines Tiefs lässt einen Warmluftkeil erwarten, der sich Hunderte von Kilometern von dort aus ausdehnt, wo die Warmfront auf die Erdoberfläche trifft. Die Zirren auf Bild 1 bilden sich an der hohen, dünnen Vorderseite der Front. Wenn sich der Keil vertieft, bedecken Cirrostratus-Wolken fast den gesamten Himmel. Wenn mit dieser Erscheinung noch ein Halo zu sehen ist, sind Regen und Wind mit Sicherheit zu erwarten. Dann folgen immer dunklere Lagen von Altostratus-Wolken und bald darauf tief hängende Nimbostrati, die Regen bringen. Wenn die Front heranzieht, verstärken sich die Winde südlich des Kerns des Tiefs und drehen zurück (gegen den Uhrziegersinn), nördlich des Kerns verstärken sie sich – wenn auch meist nicht stark – und drehen nach rechts (im Uhrzeigersinn). Das gilt für die Nordhalbkugel, auf der Südhalbkugel sind die Drehrichtungen umgekehrt.

Wetterelement	Tendenz	Normale Entwicklung	Normaler Zeitraum	Gefahr	Mögliche Abweichung
Wind	Rückdrehend und zunehmend	Bft 2–4 SW bis S wird zu Bft 5–7 S bis SE	3–8 Stunden	Bft 8–9	Bft 4–5 im Sommer, wenn Depression schwach
Sicht	Zunehmend, danach abnehmend	15–20 km oder mehr, bei Regen3–6 km; bei Schnee 1–1,5 km	6–12 Stunden	Nebel gegen Ende der Periode	6–10 km bei leichtem Regen
Niederschlag	Regen oder Schnee	Anhaltend leicht bis fortdauernd mäßig	6–12 Stunden	Schwerer Regen, im Sommerhalbjahr Gewitter	Leichter Regen, wenn Depression schwach
Bewölkung	Zunehmend bis bewölkt	8/8 Cs, dann 8/8 As, dann 8/8 Ns mit Sc und Fetzenwolken	6–12 Stunden	8/8 niedrige St, die Küsten und Hügel bedecken	Aufbrechender Himmel, wenn Depression schwach
Temperatur	Kühler	Abkühlend; wenn Wind zunimmt, noch kälter	3–8 Stunden	Bitterkalt im Winterbei Schnee	Wenig veränderlich, wenn Depression schwach
Luftdruck	Fallend	Mäßig fallend, später schneller	10–20 Stunden	Hauptfall später, verbunden mit Sturm	Langsames Fallen, wenn Depression schwach

3 Annäherung einer Warmfront oder Okklusion

Wetterlage: Mäßige Verschlechterung.

Hauptanhaltspunkte:

1. Höhenwolken (Cirrus) und Wolken in mittlererHöhe (Altostratus) ziehen heran.
2. Starke Höhenwinde quer zu den Kondensstreifen, die rasch zerfetzt werden.
3. Die niedrigsten Wolken (Altostratus) sind ausgerichtet und zeigen, dassdie Höhenwolken und -winde von der linken Seite der unteren Schicht (im Bild von links unten nach rechts oben) kommen.

Erklärung: Der Himmel trägt den Stempel einer herannahenden Warmfront, aber die Wolkenformationen sind aufgebrochen. Dies deutet auf ein älteres und möglicherweise weniger kraftvolles System hin als das in den Tafeln 1 und 2. Die Gliederungen der As-Formation am Horizont verlaufen in derselben Richtung wie die der Cirrus im Scheitel des Bildes. Das bedeutet: Der Wind der As-Schicht weht senkrecht zu dem der Ci-Schicht, denn die Ci-Wolken ziehen mit dem Wind, während die As-Formationen quer zum Wind liegen (mit vielen stabilen Wolken). Somit lässt der Himmel auf Wetterverschlechterung schließen, aber die Wolkenlücken deuten auf eine mäßige und wahrscheinlich langsame Änderung nach mehr Wind und Regen hin.

Wetterelement	Tendenz	Normale Entwicklung	Normaler Zeitraum	Gefahr	Mögliche Abweichung
Wind	Mäßig, zunehmend, rückdrehend	Bft 5–6 SW zu SE	6–12 Stunden	Bft 6–7	Bft 2–5
Sicht	Später abnehmend	3–6 km bei Regen; 1–1,5 km bei Schnee	6–12 Stunden	800 m bei schwerem Regen, ca. 100 m bei Schnee	Später Nebel über hohem Land
Niederschlag	Regen oder Schnee	Anhaltend mäßig	6–12 Stunden	Schwere Regenfälle über Hügeln	Später Nieselregen
Bewölkung	Zunehmend	8/8 As und Ns	3–6 Stunden	Später 8/8 niedriger St	Später aufbrechende Wolken
Temperatur	Kühler	Kühler, des zunehmenden Windes wegen	Während der nächsten Stunden	Im Winter kalt	Im Sommer später heiß
Luftdruck	Fallend	Mäßiges Fallen; wenn schneller, dann stärkerer Wind	8–12 Stunden	Rasches Fallen, gefolgt von Sturm	Langsames Fallen bei Bft 2–3

4 Altostratus vor einer Warmfront oder Okklusion

Wetterlage: Wenn dieser Wolkenhimmel mit Cirrostratus (Halos) dazwischen dem auf Tafel 1 dargestellten folgt, so ist eine bedeutende Verschlechterung des Wetters zu erwarten. Folgt er dem auf Tafel 2 und einigen Cs, dann erwarte man ebenfalls eine Verschlechterung. Folgt er dem auf Tafel 3, oft ohne Cs und mit wesentlichen Lücken in der Wolkenformation, so mache man sich auf eine nur mäßige Verschlechterung gefasst.

Hauptanhaltspunkte:

1. Geordnete flache, oft konturlose graue Wolken, durch welche die Sonne allmählich abgeblendet wird, so als verschwinde sie hinter Milchglas.
2. Ihnen sollten eigentlich Ci und Cs vorausgegangen sein, aber jeder Cumulus wird sich zerfasern und auflösen, sobald die Sonne vom Erdboden abgeschirmt wird.
3. Lineare Anordnung quer zum Wind auf mittlerer Höhe liegender As zeigt die dort herrschende Windrichtung an. Indem man sie mit dem Bodenwind in Beziehung setzt, können die Querwind-Regeln angewandt werden.

Erklärung: Altostratuswolken dieser Art sind, wenn sie auf Ci- und Cs-Formationen folgen, eine nahezu sichere Prognose für Regen und zunehmenden Wind. Die dunkle Wolkenschicht unten ist ein Rest des Cumulus, der sich auflösen wird, sobald sich die höheren Wolken verdichten. Ständige Verdichtung der Wolkendecke, das Fehlen bedeutender Konturen und ein schlammiges Grau – all das trägt dazu bei, dass sich eine unmittelbare Wetterverschlechterung vorhersagen lässt. Der Wind sollte hierbei im Süden der Zugbahn des Tiefs in südliche Quadranten rückdrehen (krimpen) und zunehmen. (Was die südliche Erdhälfte betrifft, so beachte man Seite 7).

Wetterelement	Tendenz	Normale Entwicklung	Normaler Zeitraum	Gefahr	Mögliche Abweichung
Wind	Schnell zunehmend und rückdrehend	Bft 6–7 im Winter, 5–6 im Sommer	4–6 Stunden	Bft 8–10	Bft 4–6, wenn flache Depression
Sicht	Zunehmend, dann zunehmend	15 km, dann 3–6 km bei Niederschlägen	2–4 Stunden	800 m bei Schnee	Durchweg gut
Niederschlag	Regen oder Schnee	Fortdauernd mäßig	2–4 Stunden	Schwerer Regen oder Schnee	Aussetzend, unbedeutend
Bewölkung	Zunehmend und niedriger	8/8 Ns mit Fetzen (Tafel 5) und Schleiern (6)	2–4 Stunden	Nebel über Hügeln und See	Aufgebrochener Sc und später St
Temperatur	Kühler	Kühler, des zunehmenden Windes und der fehlenden Sonne wegen	Die nächsten ein oder zwei Stunden	Im Winter sehr kalt	Später wärmer, wenn Wolken aufbrechen
Luftdruck	Fallend	Mäßiges oder schnelles Fallen	4–6 Stunden	Hauptfall vor schwerem Sturm	Langsames Fallen, wenn Depression flach

5 Drohender Regen oder Schneefall

Wetterlage: Regen oder Schnee innerhalb der nächsten 20 Minuten.

Hauptanhaltspunkte:

1. Ganz bedeckt; sich senkende Wolkendecke, verbunden mit:
2. zerfetzten, sich entfaltenden grauen Wolkenballen, die sich von Luv unterhalb der eigentlichen Wolkenbasis nähern.

Die Wolkenfetzen unterhalb der Altostratus-Schicht werden »Pannus« genannt. Die Bildung von Pannus weist darauf hin, dass es dort oben bereits zu regnen beginnt. Doch zunächst verdunsten die kleinen Tropfen noch zu rasch, als dass sie es bis zum Boden schaffen – jedenfalls in diesem Anfangsstadium. Nur wenig später sieht das anders aus, und so ist der Pannus letztendlich ein klares Zeichen für Regenwetter, das unmittelbar bevorsteht.

Erklärung: Dieser Himmel besagt: »Packe deinen Regenmantel, dein Ölzeug oder deinen Regenschirm aus!« Fünf Minuten nachdem das Foto aufgenommen worden war, begann es zu regnen. Alle Zeichen deuten auf eine sich nähernde Warmfront hin. Die Sonne ist seit langem hinter einem grauen, konturlosen Altostratus verschwunden. Die Kamera war nach Süden gerichtet; die Fetzenwolken bildeten sich in der feuchten Luft unterhalb der Basis des As und strömten mit dem Bodenwind ein.

Wetterelement	Tendenz	Normale Entwicklung	Normaler Zeitraum	Gefahr	Mögliche Abweichung
Wind	Zunehmend	Zunehmend um 1–2 Bft	In wenigen Minuten	Böen	Wenig Änderung
Sicht	Abnehmend	Um einige km geringer bei Regen bis zu weniger als 1,5 km bei Schnee	Eine halbe Stunde oder Stunde	Begrenzter Nebel bei Schnee	Wenig Änderung
Niederschlag	Beginnt unmittelbar	Anfangs aussetzend, wird fortdauernd mäßig	In wenigen Minuten		Völlig intermittierend
Bewölkung	Totale Bedeckung durch Fetzenwolken	6/8–8/8 Fetzenwolken oder Sc und St unterhalb 8/8 As und Ns	In einer Stunde oder zwei	Bedeckung der Hügel	3/8–5/8 Fetzenwolken oder Sc
Temperatur	Unmittelbares Fallen	Kühler bei Fallwinden, die durch Regenfälle verursacht sind	In etwa zehn Minuten	Im Winter unvermittelt sehr kalt	Geringe unmittelbare Änderung, wenn sachter Regen
Luftdruck	Fortwährend fallend	Mäßiges oder rasches Fallen	2–6 Stunden	Starkes Fallen	Langsames Fallen, wenn flache Depression

Durchzug einer Front

Wetterlage: Änderung des Wetters droht. Bei schlechtem Wetter ist die Wolkenlücke oft nicht so ausgeprägt wie hier. Sie könnte sich auch nur als eine Lichtung des Himmels hinter einer vorüberziehenden Wolkenbank zeigen. Man mache sich auf Böen und Rechtsdrehen des Windes gefasst, auf ein beständiges Sinken oder Steigen des Druckes, eine Veränderung der Luftmasse sowie der Luftfeuchtigkeit und -temperatur und auf die Veränderung des Grades oder der Art des Niederschlages.

Hauptanhaltspunkte: 1. Es handelt sich um eine Warmfront, wenn die totale Bedeckung mit niedrigen Wolken und kühlem Regen sich unter Aufhören des Regens in eine höhere Wolkenbasis umwandelt. Niedrige Wolken können sich jedoch bald wieder zusammenballen und hohe Luftfeuchtigkeit und Nieselregen mit sich bringen.

2. Um eine Kaltfront handelt es sich, wenn warme, feuchte, tropische Luft sich in kühle, klamme, polare Luft umwandelt und schlechte Sicht in gute. Es gibt eine Zwischenstufe mit Regenfällen und Schauern. Am Horizont in Luv sind Cumuluswolken zu sehen.

3. Es ist eine Okklusionsfront, sofern der Warmfront eine Kaltfront folgt, ohne dass tropische Luftmassen dazwischen liegen.

Erklärung: Dieses Bild einer vorüberziehenden, schwachen Warmfront wurde deshalb ausgewählt, weil eine kräftigere Front in ihren Konturen nur wenige Kontraste zeigt. Man sieht jedoch die Hauptmerkmale wie eine niedrige Wolkenreihe mit heraushängenden Schleiern. Dahinter findet augenscheinlich ein Wechsel im Typus des Wetters statt. Der im Augenblick fallende Regen wird wohl aufhören, sobald die niedrigste dieser Wolken durchgezogen ist.

Wetterelement	Tendenz	Normale Entwicklung	Normaler Zeitraum	Gefahr	Mögliche Abweichung
Wind	Unmittelbar rechtsdrehend, böig	Rechtsdrehend hinter niedrigster Wolke, zunehmend	Etwa 10 Minuten	Schwere Böen bei Rechtsdrehenden des augenblicklichen Windes	Abnehmend oder geringe Änderung der Richtung
Sicht	Abnehmend	Abnehmend mit dem Vorüberziehender Front. Gering hinter Warmfront, zunehmend hinter Kaltfront	Etwa 10 Minuten	Nebel hinter Warmfront	Wenig Änderung, wenn Front schwach
Niederschlag	Sofortiges Aufhören des ununterbrochenen mäßigen Regens	Sehr niedrige Wolken und Nieselregen, wenn Warmfront; nach einiger Zeit Schauer hinter einer Kaltfront	Von 10 Minuten bis zu ein oder zwei Stunden	Schwer beim Auflösen der Front	Keiner, wenn die Front schwach
Bewölkung	Sich senkend, steigend, dann wieder sich senkend	8/8 Sc und St, wenn Warmfront, 4/8 bis 6/8 Cu oder Cb hinter Kaltfront	Eine halbe bis ganze Stunde	8/8 niedriger Stratus hinter Warmfront	Aufbrechender Himmel mit Sc, wenn die Front schwach
Temperatur	Wärmer, wenn Warmfront, kälter, wenn Kaltfront	Schwül infolge zunehmender Luftfeuchtigkeit und Änderung der Luftmasse, wenn Warmfront; frischer, wenn Kaltfront	Etwa 10 Minuten		Im Sommer unter aufgebrochenem Himmel heiß
Luftdruck	Fallend, dann beständig oder steigend	Stetig abwärts, wenn Warmfront; steigend, wenn Kaltfront	Eine halbe oder ganze Stunde	Weiteres Fallen hinter Warmfront, wenn Depression kräftig; scharfes Steigen hinter Kaltfront	Geringe Ängerung bei schwachen Fronten

7 Gewitterhimmel

Wetterlage: Gewitter innerhalb der nächsten 12 Stunden oder früher. Die Querwind-Regeln lassen erkennen, ob leewärts eine instabile Warmfront liegt, und warnen so vor Gewitter. Man beachte jedoch Wolkentafel 17.

Hauptanhaltspunkte:

1. Wellenförmige Linien von Altocumulus castellanus, begleitet von gewöhnlich unregelmäßigen Gruppen Altocumulus floccus mit Fasern, Streifen oder kleinen Wolkensprenkeln, heben sich dunkel vor höheren Wolken ab.
2. Allgemeine, dem Gewitter vorausgehende Verhältnisse: hohe Temperaturen, wenig Wind, möglicherweise hohe Luftfeuchtigkeit.

Erklärung: Dies ist ein klassischer »Gewitterhimmel«. Die Wolke in der Mitte unten ist ein Altocumulus castellanus, der immer eine Unstetigkeit in den mittleren Schichten der Atmosphäre und daher mit großer Wahrscheinlichkeit spätere Gewitter ankündigt. Ein solcher Himmel zeigt sich häufig am Vormittag und geht einem klareren am Nachmittag voraus, der es dem Erdboden erlaubt, sich zu erhitzen, und somit wird die gesamte Atmosphäre auf die abendlichen Gewitter vorbereitet. Dieser Himmel mit seiner Orientierung zur Wetterverschlechterung, wie sie in den Querwind-Regeln beschrieben wurde, liefert eine zuverlässige Vorhersage über den Ausbruch von Gewittern.

Wetterelement	Tendenz	Normale Entwicklung	Normaler Zeitraum	Gefahr	Mögliche Abweichung
Wind	Mäßig zunehmend	Bft 3–4, sehr veränderlich	12 Stunden	Böen Bft 7; möglich Böen Bft 9	Wirbelwinde oder später Wasserhosen
Sicht	Abnehmend	5–10 km	12 Stunden	Nebel an der Küste	Wenig Änderung
Niederschlag	Schwere Schauer; Blitz und Donner	Unterbrochener oder sporadischer schwerer Regen mit Hagel- oder Regenschauern	6–18 Stunden	Später schwerer Hagel	Geringe Niederschläge
Bewölkung	Abnehmend, dann zunehmend	6/8–8/8 chaotischer As und Ac mit Cb und Fr St	6–18 Stunden	Schwere frontale Gewitter	Aufklarend ohne besondere Wetterverschlechterung
Temperatur	Sehr heiß, gefolgt von starkem Fallen in Gewittern	Kühler	6–18 Stunden	Anhaltend warm	
Luftdruck	Langsames Fallen	Kein merkliches Fallen	6–12 Stunden	Starkes Fallen bei frontalen Gewittern	Wenig Änderung

Gewitter

Wetterlage: Bevorstehende Sturmböen (im schlimmsten Falle bis zu 20–30 m/s), starkes Fallen der Temperatur, Blitz und Donner, Hagel und schwere Regenfälle.

Hauptanhaltspunkte:

1. Charakteristische Ambosshäupter auf Cb-Wolken.
2. Beobachtet werden kann oftmals heftige Aufwärtsbewegung oder ein Quirlen in den näheren Wolkenbögen mit ihrem seltsamen wellenähnlichen Bild, die eben vor Aufkommen des schlimmsten Windes auftreten.

Erklärung: Die senkrechte Ausdehnung der drohenden Gewitterwolken abzuschätzen ist oftmals infolge der anderen Wolken ringsum unmöglich. Somit zeigt das Bild nur den Teil einer individuellen Sturmzelle, die nachmittags dem Morgenhimmel von Wolkentafel 7 folgte und in Richtung des Windes (von rechts nach links quer über das Bild) vorüberzog.

Wetterelement	Tendenz	Normale Entwicklung	Normaler Zeitraum	Gefahr	Mögliche Abweichung
Wind	Heftige Zunahme, Richtung wechselnd	Von 2,5 m/s auf Bft 5–6, böig im Gewitter	Eine halbe Stunde oder weniger, je nach der Nähe	Böen von bis zu 20–30 m/s	Nur Stärken 3–4, böig
Sicht	Plötzliches Abnehmen bei Regen oder Hagel	800 m oder weniger bei schwerem Regen oder Hagel	100 m oder weniger bei schwerem Hagel		
Niederschlag	Schwere Regen- oder Hagelschauer, Donner, Blitz	Intermittierende Perioden von schwerem und leichtem Regen oder Hagel	Perioden von annähernd 10 Minuten leichten und schweren Regens; leichter hinter dem Gewitter	Schwerer, großkörniger Hagel im Gefolge starker Gewitter (selten)	Wolkenbruch, besonders über hügeligem Gelände und spät am Tage
Bewölkung	8/8 Cb und zugehörige Wolken	Rasche Zunahme, sehr dunkle wogende und quirlende Wolken unterhalb der Vorderkante	5–10 Minuten, nachdem Wolkenvorderkante im Zenit	Wirbelwinde oder Wasserhosen	Große Cu und As an den Kanten der Hauptzellen
Temperatur	Starkes Fallen	Von drückender Hitze zu Kälte mit Wind und Regen	Wenige Minuten, nachdem Wolkenvorderkante im Zenit		
Luftdruck	Langsames Fallen	Geringe Veränderungen durch Gewitter	Wenige Stunden	Rasches Fallen mit schweren Stürmen	Langsames Ansteigen

Das Wetter im warmen Sektor

Wetterlage: Ehe eine grundsätzliche Wetteränderung stattfinden kann, müssen eine Kaltfront oder mehrere kleine Fronten vorübergezogen sein; deshalb steht eine Fortdauer der mit maritim-tropischen Luftströmungen verbundenen Wetterform zu erwarten. Man beobachte den Himmel auch im Hinblick auf Anzeichen für eine allgemeine Wetteränderung von Luv her. Man kann in dem Falle mit einer Menge Wolken rechnen; klart der Himmel jedoch auf, so ist die Möglichkeit eines niedrigen Stratus bei Nacht oder über See oder Seenebel über Meer und Küste gegeben.

Hauptanhaltspunkte:

1. Vorherrschend wolkige Luftströmungen.
2. Oft schlechte Sicht.
3. Wärme und (häufig schwüle) Luftfeuchtigkeit sowie ein wenig Niesel- oder Steigungsregen.

Erklärung: Das Wetter im warmen Sektor hat mancherlei Erscheinungsformen, die davon abhängen, in welchem Maße es echt ist. Es folgt auf das Vorüberziehen einer Warmfront und mag für einige Tage oder Stunden fortdauern. Unmittelbar hinter der Front tritt normalerweise eine totale Bewölkung, mit Neigung zu Nieselregen und Nebel, ein – dies vor allem über Bodenerhebungen und Küsten. Es handelt sich um stabile Wolken, das heißt um Strati und Stratocumuli, sowie um Wolkeninseln in den mittleren und hohen Schichten. Bei gutem Wetter im Sommer können sich über Land Cumulus-Wolken bilden, oder auch über See, wenn das Wasser wärmer ist als die Luft. Altocumuli lenticularis bilden sich in Lee der Hügel ebenso wie Cirrus und Altoformen dieser Wolkenart. Im Sommer können warme Sektoren gewitterträchtig sein.

Wetterelement	Tendenz	Normale Entwicklung	Normaler Zeitraum	Gefahr	Mögliche Abweichung
Wind	Bleibt, wie er ist	Tagesgang der Windgeschwindigkeit	Zunahme auf Bft 5–6	Abflauen	
Sicht	Schlecht	Nebel und niedrige Wolken	Während der Nachtstunden	50 m oder weniger, besonders im Winter	Wenig Änderung
Niederschlag	Nieselregen über Hügeln und Küste	Hört im Laufe der Zeit auf.	Ein Tag etwa	Später Regen, Gewitter usw.	Sehr feucht
Bewölkung	Wolkig	4/8–7/8 niedrige Wolken mit einzelnen Fetzen mittlerer und hoher Wolken	Für gewöhnlich sehr wolkig bei Nacht, am wenigsten im letzten Teil des Tages	8/8 St in 35 m Höhe oder weniger	Keine Bewölkung
Temperatur	Warm für die Jahreszeit	Folgt dem Tagesgang.	Max.-Temperatur nach Mittag, Min.-Temperatur nach der Morgendämmerung	Temperaturen während des Sommers um 30	C, unter St und im Nebel kühl
Luftdruck	Wenig Änderung	Fallend bei Annäherung einer Kaltfront	Einige Tage oder Stunden	Schnelles Fallen und plötzlicher Wechsel der Luftmasse unter Donner	Stetiges Steigen

10 See- und Küstennebel

Wetterlage: Nebelbänke bilden sich über dem Meer, wenn eine maritimtropische Luftströmung vorhanden ist. Jedenfalls ist die Luft wärmer als das Wasser, über dem sie sich befindet. Oftmals lassen sich ihre Erscheinungsform und Ausdehnung kaum voraussehen, auch verschwinden sie so schnell, wie sie aufgetreten sind. Vor Seenebel wird man bisweilen durch den Klang von Nebelhörnern von See her gewarnt; im Frühling und Sommer kann ihn die Seebrise zum Strand herübertragen. Einem heißen Tag im Binnenland können Kälte und Nebel in den Erholungsorten an der Küste entsprechen, was auch die Bildung von niedrigem Stratus über Land und See zur Nacht ankündigt.

Hauptanhaltspunkte:

1. Warme, feuchte Luftströmung, wahrscheinlich wärmer als die See.
2. Wind oder Seebrise, die den Nebel von See her hereinträgt.
3. Nebelsignale sind zu hören.

Erklärung: Wenige Minuten nachdem die Aufnahme gemacht wurde, war der hier im Sonnenlicht liegende Strand völlig verdunkelt. Vermutlich lagert über der näheren Wasserfläche ein Gekräusel von rauchigem Nebel; die Helligkeit des fernen Horizontes kündigte eine Nebelbankbildung an. Küstenbewohner vermögen das unmittelbare Auftreten von Seenebel an dessen Vorboten über der Küste vorauszusehen, noch bevor er sich über See ausbreiten kann. Die dichten Nebel der Nordseeküsten bilden sich häufig auf diese Weise und sind für die Frühjahrs- und Sommermonate charakteristisch, sie können u. U. tagelang anhalten.

Wetterelement	Tendenz	Normale Entwicklung	Normaler Zeitraum	Gefahr	Mögliche Abweichung
Wind	Kommt von See her	An der Küste leicht, wenn der Morgen sonnig	In den Stunden vor und um die Mittagszeit	Völlige Flaute	Seenebel in Nähe von Fronten bei Bft 4–7
Sicht	Nebel oder Dunst	50–100 m im Küstengebiet, in Nebelbänken auf See geringer	Nicht vorhersagbar, aber während des Tages werden Nebelbänke von der Seebrise zur Küste getrieben	10–20 m	Kein Nebel, aber allgemein dunstig
Niederschlag	Wenig oder gar nicht	Nieselregen, wo Nebelbänke über Küste und Hügeln aufsteigen	Wie unter Sicht	Leichter Regen	Kein Niederschlag
Bewölkung	Halbe bis völlige Bedeckung	Verdunkelter Himmel, wenn Nebelbänke aufziehen	Wie unter Sicht	Totale Bedeckung auf Meeresniveau	Keine Bewölkung
Temperatur	Kühl und klamm bei Nebel	Von warm und feucht nach kühl und feucht	Ein paar Minuten	In Küstennähe während des ganzes Tages kalt	Anhaltend warm
Luftdruck	Für gewöhnlich keine merkbare Veränderung				

11 Schauer

Wetterlage: Schauer in den nächsten ein oder zwei Stunden. Sie brauchen zu Anfang nicht schwer zu sein, doch ist zu erwarten, dass sie später schwerer werden. Eine allgemeine Bewölkung von vier bis sechs Achteln deutet auf Sprühregen aus Schauerwolken über ebenem Gelände hin. Die Schauer treten vorzugsweise über Hügeln auf und lassen in deren Lee nach. Wenn sich Schauer ankündigen, aber nicht entwickeln, dann besteht die Möglichkeit, dass sich ein Luftmassentrog (wie auf Wolkentafel 12) im Höhenwind befindet oder dass sich die obere Luft niedersenkt. Man halte Ausschau nach den Cirruswolken einer folgenden Depression.

Hauptanhaltspunkte:

1. Große Cumuli, das heißt, die Entfernung von der Basis bis zum Gipfel ist größer als die zwischen Basis und Erdboden.
2. Entwicklung solider Wolkenhäupter, nicht spindeldürrer Schornsteine.
3. Keine Wolkenschichten darüber, die ein Wachstum nach oben verhindern könnten.
4. Kühle polare Luftströmung mit den typischen 3–4 Bft.

Erklärung: Der Prototyp schauerbringender Luftströmungen ist die stabile Strömung aus Nordwest, die einer Hauptdepression folgt. Ihre Schauer bilden sich vorwiegend an Luvküsten und an den weiter binnen gelegenen Hügeln. Die Aktivität der Schauer lässt in dem Maße nach, wie man sich von der Luvküste entfernt. Zeitiges Heranwachsen zerfetzter Cu (das heißt, bis 09.00 oder 10.00 Uhr) sowie ein kühler, heftiger Wind sind Anzeichen dafür, dass ein Tag mit Schauerwetter bevorsteht.

Wetterelement	Tendenz	Normale Entwicklung	Normaler Zeitraum	Gefahr	Mögliche Abweichung
Wind	Normalerweise NW oder W; ausgeprägter Tagesgang	Böig am Nachmittag, weniger böig in der Nacht	Bei Tage	Bft 6–7	Bft 2–3, wenn Gewitter mit schweren Schauern einhergehen
Sicht	Sehr gut	Sehr gut bei Tage, ausgenommen bei Schauern; klarer Sternenhimmel bei Nacht	Bei Tage Dämmerungsnebel in geschützten Industriegebieten	Gut während der ganzen Nacht, wenn der Wind durchsteht	
Niederschlag	Regen, Schnee, gelegentlich Hagel	Zunehmend am Tage, gegen Abend nachlassend	Bei Tage	Gelegentlich Gewitter, besonders über Erhöhungen	Fortwährende Schauer über See
Bewölkung	6/8–7/8 Cb und Cu	Keine Wolken in der Frühe. Maximum der Schauerwolken um Mittag, nachlassend gegen Abend	Bei Tage	Gewitter	6/8–8/8 Sc, wenn die Luft sich stabilisiert
Temperatur	Kühl	Kalt bei Nacht, kühl während des Tages	Bei Tage	Bei Nacht Frost an ungeschützten Stellen	
Luftdruck	Beständig oder langsam steigend	Höherer Druck	Mehrere Tage	Schnelles Steigen und später fallend	Langsames Fallen

12 Luftmassentrog

Wetterlage: Schauer und weitere anhaltende Regenfälle, möglicherweise etwas Donner. Man darf zwar erwarten, dass die ganze Sache in etwa einer Stunde vorüber ist, nicht jedoch einen grundsätzlichen Wechsel des Wettertyps. Kühles Schauerwetter pflegt dem Trog zu folgen, so wie es ihm vorangeht. Ein Luftmassentrog ist keine Front, die unterschiedliche Luftmassen voneinander trennt.

Hauptanhaltspunkte:

1. Wenig Wolken vor einem Trog in klarer polarer Luftströmung.
2. Eine auffällige Reihe von Schauer- und anderen Wolken nähert sich von Luv.
3. Leichtes Rückdrehen des Windes; Rechtsdrehen auf der südlichen Erdhälfte.

Erklärung: Die kühle maritim-polare Luftströmung bringt Luftmassentröge hervor. Herabsinkende Luft vor dem Trog und in seinem Rücken verursacht weniger Schauer als erwartet und lässt vermuten, dass ein bis jetzt noch unsichtbarer Trog sich irgendwo luvwärts befindet. Weniger augenfällige Trogtätigkeiten zeigen sich an den Luvküsten, doch nehmen sie zu, je weiter man ins Binnenland gelangt. Starke Gewitter sind nicht zu erwarten, aber über See können Wasserhosen und über Land Staubwirbel entstehen.

Wetterelement	Tendenz	Normale Entwicklung	Normaler Zeitraum	Gefahr	Mögliche Abweichung
Wind	Bft 3–5 westlich	Böig, Bft 4–6 W-NW	Eine halbe bis ganze Stunde	Böen von 7 oder 8 Bft	Rechtsdrehend, Bft 3–5 NW
Sicht	Sehr gut	1,5–3 km in Schauern	Eine halbe bis ganze Stunde	Weniger als 800 m bei Schnee	Sehr gut
Niederschlag	Schön oder fein	Schauer, Regen oder Schnee	Eine halbe bis ganze Stunde	Donner	Schön oder fein
Bewölkung	2/8–4/8 Cu in 900 bis 1300 m Höhe	7/8–8/8 Cu, Cb und As; niedrigste Basis in 300–600 m Höhe	Nächste halbe Stunde	Zeitweise sehr niedrige Basis bei Schnee	2/8–6/8 Cu oder Cb
Temperatur	Kühl für die Jahreszeit	Zeitweilig kälter	Nächste halbe Stunde	Wieder kühl	
Luftdruck	Etwas fallend	Geringer Fall	Eine halbe bis ganze Stunde Jähes Sinken im schlimmsten Falle	Langsames Steigen	

13 Cumulonimbus

Wetterlage: Schauer und bzw. oder ein Gewitter mit schwerem Regen und möglicherweise Hagel. Ein bedeutendes Sturmgebiet liegt möglicherweise hinter den besser sichtbaren Wolken verborgen.

Hauptanhaltspunkte:

1. Große, solide Wolkenhäupter wachsen in die Höhe, jedoch getrennt voneinander (vergleiche Wolkentafel 8).
2. Viele Wolken ringsum, die relativ niedrig ziehen (vergleiche Wolkentafel 12).
3. Andere Anzeichen einer polaren Luftströmung.

Erklärung: Vereinzelte Cumulonimbuswolken können – so wie hier – über sommerlichen Kornfeldern oder während des Winters über der Schneedecke oder zu allen Jahreszeiten eingekeilt zwischen kleineren Cumuli in kühlen, instabilen Luftströmungen vorhanden sein. Sie können in sehr reinen Luftströmungen vorbeiziehen, einige Donnerschläge von sich geben, und fort sind sie.

Im Sommer kann die geschilderte Situation der Entwicklung eines recht bedeutenden Starkwindgebietes voraufgehen, aber in diesem besonderen Falle sieht man nur wenige der dazugehörigen dunklen Wolkenmassen, von denen die großen Gewitter begleitet werden. Dieser Wettertyp unterscheidet sich von dem auf Tafel 8 dargestellten dadurch, dass es verhältnismäßig kühl und nicht schwül ist. Die Wolkenzellen sind hier gut von den benachbarten getrennt, sodass auch die Schauer unabhängig voneinander sind und irgendeine Entladung, die stattfinden mag, verhältnismäßig bedeutungslos bleibt.

Wetterelement	Tendenz	Normale Entwicklung	Normaler Zeitraum	Gefahr	Mögliche Abweichung
Wind	Möglichkeit leichten Windes bis hin zu Sturm im schlimmsten Falle	Böig, Sturmstöße bis zu 15–20 m/s im schlimmsten Falle	Eine halbe bis zwei Stunden	Wirbelwinde oder Wasserhosen	Bft 2–4 aus anderer Richtung
Sicht	Mäßig	Zeitweise gering bei Niederschlägen	Eine halbe bis zwei Stunden	Weniger als 800 m bei Schneeschauern	Mäßig bis gut
Niederschlag	Schön oder fein	Schwere Regen- oder Schneeschauer	Eine halbe bis zwei Stunden	Hagel und Gewitter	Schön oder fein
Bewölkung	2/8–6/8 Ac und As, Cu	6/8–8/8 Cu und Cb mit As und Ci	Schlauchartige Wolken, das heißt Wasserhosen	2/8–6/8 Cu	
Temperatur	Kühl In Schauern kalt	Eine halbe bis eine Stunde	Kühl		
Luftdruck	Keine merkbare Änderung	Mäßiges Fallen			

14 Ruhiger Abend

Wetterlage: Eine stille Nacht mit Nebel- und Dunstfeldern, vor allem in Industriegebieten und Niederungen, Flusstälern usw. Möglicherweise Luft und Bodenfrost.

Hauptanhaltspunkte:

1. Fehlen des Windes sowohl an der Erdoberfläche als auch in der Höhe.
2. Äußerst stabilisierend wirkende Luft in Bodennähe verursacht die Bildung von Dunst- und Rauchdecken.
3. Wenig (oder keine) niedrige bzw. mittelhohe Wolken, die eine Abstrahlung aus dem Erdboden verhindern.

Erklärung: Die Rauchdecke zeigt, wie rasch sich die Erde abkühlt und somit die darüber liegenden Luftschichten zu Stratus werden lässt. Der Rauch wird von einer »Inversion« niedergehalten, innerhalb derer kühle Luftmassen in darüber befindliche wärmere übergehen. Diese Inversionsschicht wird sich im Laufe der Nacht aufwärts bewegen und, indem sie Wasserdampf und Rauch zu Boden drückt, Dunst und Nebel hervorrufen. Sinkt die Temperatur des Erdbodens unter den Gefrierpunkt, so besteht geringe Aussicht auf Nebelbildung, weil ein Teil der Feuchtigkeit nun in Form fester Eiskristalle an Gras usw. gebunden wird. Die obere Wolke besteht größtenteils aus ausgedehnten Dampfschweifen, die jedoch dicht und dauerhaft sind. Auf jener Ebene scheint es gleichwohl eine irgendwie geordnete Windrichtung nicht zu geben, und dies deutet auf die Beständigkeit des gegenwärtigen ruhigen Wetters hin.

Wetterelement	Tendenz	Normale Entwicklung	Normaler Zeitraum	Gefahr	Mögliche Abweichung
Wind	Flaute	Sehr leichte Landbrisen in Küstennähe, besonders im Herbst	Bis Mitternacht	Totale Flaute	Aufkommen von Wind vor der Dämmerung
Sicht	Abnehmend	Variabler Dunst und Nebel	Bis Mitternacht oder in die frühen Morgenstunden	Weniger als 20 m	Zunehmend, wenn Wind aufkommt
Niederschlag	Kein wirklicher Niederschlag	Tau und Raureif Bis in die Morgenstunden	Vereiste Stellen auf Straßen	Kein Frost	
Bewölkung	Sich auflösend	Klarer Himmel	Bis zum Abend	Zunehmend im Laufe der Nacht	8/8 niedriger St, 4/8–6/8 Sc oder zunehmend Ci
Temperatur	Fallend	Fallend bis zu Bodenfrost im Winterhalbjahr	Bis zur Dämmerung oder davor	Luftfrost im Winter	Kein Frost, auch nicht im Winter, wenn Wind und Bewölkung zunehmen
Luftdruck	Im Allgemeinen beständig; leichte Änderungen (Steigen oder Fallen) möglich	Fällt später in der Nacht, wenn Depression sich nähert			

15 Roter Himmel am Abend

Wetterlage: Die Nacht wird klar sein und die Temperatur sinken. Die Fractostratuswolken unter der eigentlichen Wolkenbasis zeigen an, dass die Luft noch feucht von dem Regen ist, der aus den darüber befindlichen Kaltfrontwolken fiel. Die am Abend auf dem Erdboden zurückgebliebene Feuchtigkeit sowie das Nachlassen der Windgeschwindigkeit im Laufe der Nacht können sehr wohl Dunst- und Nebelfelder in solchen Gebieten verursachen, die vor dem Wind geschützt sind. Während des Winterhalbjahres kann auch Frost auftreten.

Hauptanhaltspunkte:

1. Erhebliche Ausdehnung der oberen Wolke, auf die die Sonne rote Strahlen projizieren kann.
2. Das letzte Stadium einer Kaltfront oder Okklusion (Regen, Schauer, niedrige Wolken usw.)
3. Augenscheinlich endgültig aufbrechender Himmel hinter der Front.

Erklärung: Die niedrig über dem Horizont stehende Sonne bei Sonnenuntergang (oder -aufgang) sendet stets rote Strahlen aus. Dies sagt freilich nicht ohne weiteres eine schöne Nacht voraus. Es ist eine Tatsache, dass die Sonne die Wolken in Luv nur dann beleuchten kann, wenn keine Wolkendecke über dem Horizont lagert (das heißt bei Sonnenuntergang in Luv). Die Wolken im Vordergrund müssen sich in mittleren oder hohen Schichten befinden. Diese Bedingungen sind erfüllt, wenn soeben eine Kaltfront durchgezogen ist und polare Luft über den Beobachter hinweg zieht. In diesem Falle wird es eine schöne Nacht geben.

Kehrt man die Verhältnisse um, so hat man die Morgendämmerung eines Schlechtwettertages. Die Sonne steht nun in Lee und scheint durch einen klaren Horizont auf die Wolken einer Warmfront, deren Wetter sich noch entwickeln soll.

Wetterelement	Tendenz	Normale Entwicklung	Normaler Zeitraum	Gefahr	Mögliche Abweichung
Wind	Abnehmend	W bis NW Bft 2–3, Flaute in geschützten Gebieten	Bis in die frühen Morgenstunden	Flaute in der Dämmerung	Wieder zunehmend während der Morgendämmerung
Sicht	Abnehmend	Dunst und Nebel in den geschützten Gebieten der Umgebung	Bis in die frühen Morgenstunden	Weniger als 50 m bei Rauch	Ganze Nacht klar, wenn Wind anhält
Niederschlag	Keiner, doch vielleicht Bodenfrost	Raureif in der Morgendämmerung während des Winterhalbjahres	In der Morgendämmerung	Luftfrost während des Winters und Frühlings	Keiner, wenn Wind anhält
Bewölkung	Abnehmend	Klarer Himmel	Bis Mitternacht	8/8 niedrige Wolken, wenn Wind anhält und der Boden feucht geblieben ist	Wolkig in der Höhe bei Dämmerung, wenn eine neue Front herannaht
Temperatur	Stark fallend	Kühl, aber klar	Bis zur Dämmerung	Im Winter sehr niedrig	Wenig Änderung, wenn Wind anhält
Luftdruck	Steigend	Stetig steigend	Rasches Steigen und Anzeichen für Fallen bei Dämmerung	Wenig Änderung	

16 Cirrus, der Wetterbesserung ankündigt

Wetterlage: Das Zentrum einer Depression ist Richtung Osten vorübergezogen, und so wird sich das Wetter bei abnehmendem Wind – vielleicht nur langsam – bessern, während der Druck – möglicherweise rasch – zunimmt. Es kann im Laufe des Tages zu Schauern kommen, aber bei Nacht und über Land wird der Himmel klar sein. Schauer über See sind bei Tage wie bei Nacht nicht ausgeschlossen.

Hauptanhaltspunkte: Vor Kurzem sind die Schlechtwetterfronten eines Tiefs durchgezogen. Zu betrachten ist gerade die allmählich abziehende Kaltfront – verbunden mit der Hoffnung, dass dies die letzte ist und nun besseres Wetter bevorsteht. Doch sollte die Möglichkeit im Hinterkopf behalten werden, dass diese Hoffnung sich als trügerisch herausstellt – wenn nämlich auf diese Front eine zweite folgt.

Erklärung: Diesem Bild liegt die Annahme zugrunde, dass man mit dem Rücken zum Nordwestwind steht. Wird das Wetter wirklich besser? Ja, und zwar dann, wenn der hohe Cirrus dieser abziehenden Front von rechts, also aus Südwest kommt. Hier greift die Querwindregel zur Wetterverbesserung. Unterstützt wird diese Vorhersage durch steigenden Luftdruck: Morgen wird es mit Sicherheit schön. (Diese Regel lässt sich auch bei anderen Wetterlagen mit abziehenden Fronten anwenden, und man gewinnt mit ihrer Hilfe eine bessere Vorstellung vom Zusammenhang zwischen den abziehenden hohen Wolken und dem Zug tiefer Wolken wie dem Cumulus.)

Wetterelement	Tendenz	Normale Entwicklung	Normaler Zeitraum	Gefahr	Mögliche Abweichung
Wind	Langsam abnehmend	Bft 3–5 bei Tage, 2–4 abends	Ein Tag	Später zunehmend, wenn Druck rasch steigt	Böig bei Schauern
Sicht	Keine große Änderung	Folgt dem Tagesgang	Ein halber Tag	Nebel und Dunst bei Nacht in geschützten Industriegebieten	Sehr gut
Niederschlag	Schauer bei Tage	Klar bei Nacht über Land; bei Tage und bei Nacht Schauer über See		Frost bei Nacht während des Winterhalbjahres	Keine Schauer
Bewölkung	Abnehmend	Tagesgang von Ci oder Cb	Ein halber Tag	Später Zunahme von Ci, wenn neue Front sich nähert	
Temperatur	Kühler	Tagesgang über Land		Frost	
Luftdruck	Steigend	Langsames Steigen, falls tatsächliche Besserung	Ein Tag oder zwei	Rasches Steigen, später schneller Fall	Wenig Änderung, wenn Depression schwach

17 Wird es ein Gewitter geben?

Wetterlage: Gewitter werden in der Regel mit Hitze und hoher Luftfeuchtigkeit in Verbindung gebracht – oft im Zusammenhang mit Schwüle und einer intuitiven Ahnung, dass Blitz und Donner nicht mehr fern sind. Allerdings muss zwischen unterschiedlichen Gewitterlagen unterschieden werden. Bei diesem Himmelsanblick spielt sich das Wesentliche in größerer Entfernung vom Erdboden, in mittelhohen Luftschichten, ab. Dort bekommen Wolken türmchenartige Auswüchse, ähnlich den Zinnen einer Burgmauer – was ein Hinweis auf eine instabile Luftschichtung ist und bedeutet, dass die Atmosphäre bereit für Gewitter ist –, vorausgesetzt die Luft darunter kann sich später am Tage genügend stark erwärmen. Solche Gewitter, die ihren Anfang in der mittelhohen Wolkensphäre nehmen, gehen oft mit spektakulären Blitzen innerhalb der Wolken einher.

Hauptanhaltspunkte: Die Wolkenart im Vordergrund heißt Altocumulus castellanus. Damit sie sich in ein mittelhohes Gewitter weiterentwickelt, bedarf es nur eines vergleichsweise kleinen Impulses in Form von Wärme und Feuchtigkeit. Im Hintergrund sind weitere Varianten dieser Wolke zu sehen. Beachtenswert ist die typische Anordnung in Bändern türmchenartiger Wolken. Meist reicht die Zeit noch, um eine ausführlichere Wetterprognose einzuholen, denn für gewöhnlich vergehen noch einige Stunden bis das Gewitter losbricht (wenn überhaupt).

Erklärung: Dieser Himmelsanblick mit castellanus und floccus (der dem einer Herde von Schafen mit ihrer etwas zerrupft aussehenden Wolle ähnelt) ist ein klassisches Gewitteranzeichen – wenngleich auch Experten nicht wirklich wissen, wo und wann genau das Unwetter niedergehen wird.

Wetterelement	Tendenz	Normale Entwicklung	Normaler Zeitraum	Gefahr	Mögliche Abweichung
Wind	Behält die gleiche Richtung, nimmt aber ein wenig zu	Bft 2–4, böig und vielleicht veränderlich	Wenige Stunden	Gewitter, wenn Oberflächenwind rückdrehend	Vorübergehend, später fein
Sicht	Keine große Veränderung	5–10 km bei Dämmerung	Während der Nacht	2–3 km an gewissen Stellen	Keine Änderung, wenn Wind zunimmt
Niederschlag	Wenig oder gar keiner	Einige Tropfen im Gewitter, wenn überhaupt	Während der nächsten paar Stunden	Gewitter in mittleren Höhen, wenn Wind rückdrehend	Keiner
Bewölkung	Nicht viel Veränderung	6/8–7/8 gewittriger Ac sowie As mit Cc und dichtem Ci	Innerhalb weniger Stunden	8/8 gewittriger Ac, wenn Wind rückdrehend	Aufklarend zu 2/8–4/8 Ac und As
Temperatur	Fallend	Leichter Fall			
Luftdruck	Leicht fallend	Fallend, weniger als 1 Hektopascal innerhalb von 3 Stunden	Während der nächsten paar Stunden	Später weiteres Fallen, deshalb Wetterverschlechterung mit der Möglichkeit von Gewittern	Steigend, somit bedeutende Besserung

18 Wird es regnen?

Wetterlage: Dunkle Wolken mit einer klar erkennbaren Basis regnen trotz ihres bedrohlichen Aussehens eher selten aus. Das gilt besonders dann, wenn zugleich an einigen Stellen die Sonne durch die Wolkendecke hindurch scheint oder sich die Wolkenunterseite zu Klumpen zusammenballt. Anders verhält es sich, wenn die Wolkenbasis ihre scharfen Umrisse verliert. Dann ist damit zu rechnen, dass es dort oben zu regnen beginnt und die Tropfen früher oder später auch den Boden erreichen.

Hauptanhaltspunkte: Eine ausgedehnte Wolkenschicht mit einer deutlich erkennbaren, in Wolkenballen gegliederten Basis regnet in der Regel nicht aus. Allerdings sind Bereiche in der Wolkenunterseite zu beachten, wo die scharfen Umrisse zu verschwimmen beginnen: Dort setzt Regen ein. Ein weiteres Zeichen sind kleine dunkle Wolkenfetzen unterhalb der Basis (Pannus, siehe Foto 5), die auf Regen in dieser Höhe hinweisen. Auch eine Sichtminderung – ausgelöst durch den sich bildenden Regenvorhang – gilt als deutlicher Hinweis auf bevorstehenden Regen.

Erklärung: Allgemein gilt, dass Luft aufsteigen muss, um Regen bilden zu können. Wenn eine Wolke also nach unten Auswüchse zeigt, ist das folglich kein Regenzeichen. Ein Paradebeispiel dieser Auswüchse sind Mammatus-Wolken. Diese Wolken gleichen einer Ansammlung von Kuheutern, die besonders markant im Mittleren Westen der USA in der Nähe schwerer Gewitter mit Tornados in Erscheinung zu treten pflegen. In Europa werden sie nicht so oft beobachtet, und wenn, dann im Bereich von Cumulonimbus-Wolken großer Gewitterzellen. Diese kompakten Wolken von Fronten brauchen lange Zeit, um sich aufzulösen (dieser Prozess heißt Frontolyse). Sie wandeln sich zunächst in ausgedehnte Wolkenfelder um, die keinen Regen mehr produzieren. Jedoch kann es vorkommen, dass alte Fronten wiederbelebt werden und dann – nicht selten überraschend – neue Regenfälle auslösen.

Wetterelement	Tendenz	Normale Entwicklung	Normaler Zeitraum	Gefahr	Mögliche Abweichung
Wind	Rechtsdrehend und langsam zunehmend	Rechtsdrehend hinter der Front; sich kräftig stabilisierende Luft (Sc) zeigt, dass Windgeschwindigkeit nicht sehr zunimmt.	Innerhalb der nächsten halben Stunde	Einige Böen	
Sicht	Zunehmend	10–15 km	Etwa innerhalb der nächsten Stunde	Abnehmend nach Anbruch der Nacht	
Niederschlag	Wenig oder gar keiner	Ein leichter Schauer; wahrscheinlich nur ein paar Tropfen Regen	Innerhalb einer halben Stunde	Ein schwerer Schauer, wenn nicht die ganze Wolkenbasis scharfkantig ist	Überhaupt kein Regen
Bewölkung	Abnehmend	Schön oder fein	Etwa eine Stunde	4/8 Cu oder Cb während des Nachmittags, wenn Front am Vormittag aufklart	7/8–8/8 Sc später
Temperatur	Wenig Änderung	Tagesgang			
Luftdruck	Steigend	Langsam steigend	Während der nächsten 6 oder mehr Stunden	Später fallend, wenn ein neues Tief herannaht	Keine Änderung

19 Schönwetter-Cumulus

Wetterlage: Schönes Wetter und leichte bis mäßige Winde. Während des Frühlings und Sommers entstehen im Laufe des Tages in Küstennähe Seebrisen, die sich etwa 15 Kilometer vor der Küste entwickeln und ebenso weit im Binnenland zu spüren sind.

Hauptanhaltspunkte:

1. Cumuluswolken mit flacher Basis und abgeflachten Gipfeln.
2. Geringere Entfernung von der Basis zum Gipfel als von der Erdoberfläche zur Basis.
3. Sie sind in Reihen oder »Straßen« ausgerichtet.
4. Klare Sicht nach See lässt auf eine Seebrise schließen.

Erklärung: Wir schauen vom Binnenland in Richtung See, die etwa 15 Kilometer entfernt ist. Unterhalb der Wolkenkante sehen wir klaren Himmel. Diese Linie zeigt eine Seewindfront (s. S. 12) an, die von See heranzieht. Die Luft sinkt über der Küste ab, erwärmt sich und löst so die Wolken auf. Das wird auch im Binnenland ein sonniger Tag. An guten Seebrisentagen (die durch leichten bis mäßigen Wind in der Morgenfrühe und eine teilweise unbeständige Luftströmung mit halber oder geringerer Bedeckung von Cu gekennzeichnet sind) können die auflandigen Seebrisen nicht in Verbindung mit den Querwind-Regeln bewertet werden.

Wetterelement	Tendenz	Normale Entwicklung	Normaler Zeitraum	Gefahr	Mögliche Abweichung
Wind	Tagesgang	Bft 2–3 bei Tage, Bft 1–2 bei Nacht Innerhalb eines Tages	Seebrise	Bft 4–5 am Rand von Hochdruckgebieten	
Sicht	Gut	Entsprechend dem Tagesgang, aber selten weniger als mehrere Kilometer	Innerhalb eines Tages	Dunst im Binnenland	Örtlich gering bei Nacht im Winterhalbjahr
Niederschlag	Keiner	Schauer über Hügeln			
Bewölkung	Tagesgang	3/8–6/8 kleine Cu bei Tage, geringe Bewölkung bei Nacht	Innerhalb eines Tages	6/8 Cu entlang der Seebrisenfronten	Keine Wolken über den Küsten
Temperatur	Tagesgang	Maximum am frühen Nachmittag, Minimum bei Morgendämmerung	Innerhalb eines Tages		
Luftdruck	Beständig oder steigend	Langsam steigend Innerhalb von Stunden oder Tagen	Fallend, wenn ein Tief sich störend bemerkbar macht		

20 Cirrus, der keine Wetteränderung ankündigt

Wetterlage: Die Wetterlage bleibt im Großen und Ganzen, ohne erkennbare Verschlechterung oder Besserung, konstant, weil der (durch die verwehenden Fallstreifen angezeigte) Höhenwind und der (an der Wetterfahne abzulesende) Bodenwind parallel zueinander wehen. Wenn es zu einer erkennbaren Veränderung der Luftmassen kommt, so müssen sich Höhen und Bodenwind in einem großen Winkel kreuzen.

Hauptanhaltspunkte:

1. Cirruswolken, die das Herannahen einer Warmfront bedeuten mögen; die parallel wehenden Winde aber lassen auf keine entscheidende Wetteränderung schließen.
2. Kein anderes augenfälliges Anzeichen einer Störung, wie etwa das Fallen des Barometers.

Erklärung: Ein Himmel mit Cirruswolken kann mancherlei bedeuten. Die Tafeln 1, 2 und 16 zeigen, wie sich die einzelnen Anzeichen deuten lassen. Zweifellos gibt es einigen Wind in der Höhe, und das kann heißen, dass der Oberflächenwind später zunehmen wird. Eine Warmfront in Lee ist nicht angezeigt, und so kann das, was auch immer geschehen wird, nicht übel sein. Man muss auf eine Überwachung der Richtung, die der Oberflächenwind nimmt, bedacht sein, weil im Rücken eines Hochdruckkeiles Höhen- und Bodenwinde parallel zueinander wehen können. Wenn der Keil vorüberzieht, dreht der Oberflächenwind jedoch zurück und weht dann quer zum Höhenwind, der seine Richtung wahrscheinlich nicht wesentlich ändern wird. Nun ist tatsächlich eine Wetterverschlechterung zu erwarten.

Wetterelement	Tendenz	Normale Entwicklung	Normaler Zeitraum	Gefahr	Mögliche Abweichung
Wind	Wenig Änderung	Bft 2–4 bei Tage über Land	Innerhalb einiger Stunden	Bft 4–7, wenn Bodenwind rückdrehend	Wenig Änderung
Sicht	Wenig Änderung	15 km oder mehr bei auffrischendem Wind	Innerhalb einiger Stunden	Wetterverschlechterung während der Nacht	Wenig Änderung
Niederschlag	Keiner				
Bewölkung	In der Höhe zunehmend	3/8–6/8 Ci und Cs mit einigen Ac und As	Innerhalb einiger Stunden	Totale Bedeckung mit hohen und mittleren Wolken	Keine große Zunahme
Temperatur	Leichte Abnahme	Kühler, dem Zunehmen des Windes entsprechend	Bald	Im Winter kälter	Wenig Änderung
Luftdruck	Wenig Änderung				

21 Stratocumulus

Wetterlage: Im Augenblick keine Änderung der Wetterverhältnisse. Manchmal ziehen Sc-Wolken dem schlechten Wetter vorauf. Stratocumuli im Zentrum eines winterlichen Hochdruckgebietes können mit starkem Nebel und Smog verbunden sein. Dennoch handelt es sich hier um die Wolkenbildung einer weitgehend unveränderlichen Wetterlage. Die Winde sind normalerweise leicht bis mäßig und ändern ihre Richtung, dies jedoch nicht sehr schnell.

Hauptanhaltspunkte:

1. Abgeflachte, größere Teile von Cumuliformen mit einigen lichteren Spalten dazwischen.
2. Allgemein stabile Luftströmung, das heißt keine wirklichen Schauerwolken (Cu oder Cb).
3. Oftmals im Verein mit tropischen Luftströmungen, die bereits ausgetrocknet sind.
4. Begleitet normalerweise nicht ein Schlechtwettersystem, ausgenommen an dessen Peripherie.

Erklärung: Hier bei Bignor in Süd-Sussex, wo sich die römischen Heerstraßen kreuzen, beleuchtet die untergehende Sonne eine Stratocumulus-Schicht. Stratocumuli bilden sich unter Inversionen. Sie mögen Cumuli gewesen sein, die versucht haben, durch eine Inversion hindurchzustoßen, es aber nur so weit gebracht haben, sich seitwärts unter ihr abzuflachen. Auf solche Art wird der Himmel an einem anfangs klaren Morgen vollkommen bewölkt. Dergleichen Inversionen sind relativ stark, aber bei freundlicher Laune des Wetters, wie hier geschildert, ist Sc die gewöhnliche Begleitung einer gemäßigten polaren Luftströmung, die schon einen langen Weg hinter sich und in der die Luft aus höheren Lagen sich niedergesenkt hat, um die Inversion hervorzubringen.

Im Verein mit Nimbostratus kann sich bei schlechtem Wetter Sc in einiger Ausdehnung unterhalb der allgemeinen Wolkenbasis bilden, sodass dreierlei Wolkenschichten in Erscheinung treten: eine niedrige Wolkendecke aus Wolkenfetzen (Tafel 5), darüber eine totale Bedeckung mit Sc und dann die wirklichen dicken, regendrohenden Ns-Wolken.

Wetterelement	Tendenz	Normale Entwicklung	Normaler Zeitraum	Gefahr	Mögliche Abweichung
Wind	Wenig Änderung	Bft 2–4 bei Tage, 1–3 bei Nacht	Bei Tage	Flaute	Aufspringen aus neuer Richtung, wenn ein Tief stört
Sicht	Abnehmend	8–13 km	Bei Tage	10 m bei Rauch während des Winterhalbjahres	Während des Winters Smog in Industriegebieten
Niederschlag	Keiner				
Bewölkung	Veränderlich	Manchmal 6/8–8/8 Sc, doch bisweilen aufbrechend zu 1/8–3/8	Innerhalb von Stunden	Im Winter totale Bedeckung mit Nebel	Veränderlich, stellenweise Wolkenlücken, dann wieder bedeckt
Temperatur	Wenig Änderung	Es bleibt relativ warm.	Kühl bei Nebel	Im Winter kalt	
Luftdruck	Wenig Änderung	Langsames Steigen oder Fallen	Innerhalb von Tagen	Jäher Fall, wenn Depression droht	

BIGNOR
LONDINIUM
SUTTON
NOVIOMAGUS
SLINDON

22 Stratus

Wetterlage: Eine warm-feuchte, maritim-tropische Luftmasse. Niedere Stratuswolken ziehen mit relativ starkem Wind im Rücken aktiver Warmfronten heran, das heißt im warmen Sektor junger aktiver Depressionen. Sieht man sie sich gegen Abend bilden, so ist bei Anbruch der Nacht mit einer totalen Bedeckung zu rechnen. Ungünstig für Flugverkehr und Bergbesteigungen.

Hauptanhaltspunkte:

1. Unbestimmbare, formlose Wolkenbasis, die oft den ganzen Himmel bedeckt.
2. Feuchte, dunstige Luftströmungen.
3. Begleitet von Nieselregen im Augenblick größter Feuchtigkeit, doch normalerweise nicht von Regen, ausgenommen an den Luvhängen von Hügeln.

Erklärung: Ein grauer, konturloser Tag. Der Stratus ist niedrig und ungestaltet – er besteht aus Nebel, der sich von der Erdoberfläche abgehoben hat. Er kann sich aber auch bei östlichen Winden im Norden eines Tiefdruckzentrums bilden und den Himmel während solcher Tage verdunkeln, an denen sich später Gewitter zu entladen pflegen. Um ihn vom Aufbrechen bei starken bis stürmischen Winden abzuhalten, müssen Regen oder Nieselregen in seine Luftschicht gefallen sein. über Land kann er durch den Wind als ein klumpiges, wirbelndes Gewölk empor getragen werden.

Wetterelement	Tendenz	Normale Entwicklung	Normaler Zeitraum	Gefahr	Mögliche Abweichung
Wind	Wenig Änderung innerhalb von Stunden	Rechtsdrehend und böig bei Vorüberziehen einer Kaltfront	Innerhalb von Stunden oder Tagen	Leicht nachlassend, wobei der St zu Nebel wird	Sich auflösend, wenn der Wind zunimmt
Sicht	Gering, aber veränderlich	1–3 km	In Perioden von Stunden oder Minuten	50 m, wenn Wind nachlässt	
Niederschlag	Nieseln, in Luv von Hügeln Regen	Unvorhersehbare Striche von Nieselregen, besonders vor Luvküsten; anhaltender Regen über Hügeln	Einige Minuten bis zu einigen Stunden	Regen und Schauer, wenn in Nähe eines Tiefdruckzentrums	Kein Nieselregen oder Regen in weniger nassen Luftströmungen
Bewölkung	Bedeckt	8/8 St auf 30–90 m Höhe, 8/8 Sc oder Ns darüber	Unvorhersehbare Zeiten	Himmel verdunkelt und dichter Nebel	2/8–6/8 Sc oder andere niedrige Wolken, wenn Wind zunimmt
Temperatur	Schwül	Warm für die Jahreszeit, wenn die Wolkendecke aufbricht	Unvorhersehbare Zeit	Kühl oder kalt bei totaler Bedeckung	Heiß oder warm, wenn Wolkendecke aufbricht
Luftdruck	Beständig oder fallend	Mäßiges oder langsames Fallen, danach Ansteigen	Innerhalb von Stunden oder Tagen	Schnelles Fallen, wenn Zentrum des Tiefs noch nicht vorüber	Steigend, wenn Zentrum vorüber

23 Altocumulus und Cirrocumulus

Wetterlage: Flächen von Cirrocumulus und Altocumulus deuten durchweg auf eine Neigung des Wetters zur Unbeständigkeit, verbunden mit Luftschichten, die gewöhnlich aufsteigen. Oftmals begleiten sie die Aktivität einer Wetterfront in den hohen Lagen, oder sie rühren von einem allgemeinen Aufsteigen der oberen Schichten her, wenn eine erhitzte Erdoberfläche die unteren Schichten zwingt, sich auszudehnen.

»Mackerel sky, mackerel sky, not long wet and not long dry« (Makrelenhimmel, Makrelenhimmel, nicht lange nass und nicht lange trocken) – dieser Vers gibt genau die Bedeutung jener Wolken wieder.

Hauptanhaltspunkte:

1. Inseln, Gebiete, Flecken dicht geballter, kugelförmiger Wolkenteile.
2. Der Cirrocumulus hat keine Schattierungen, der Altocumulus nur schwache.
3. Oftmals zeigen Ac-Wolken farbige Flecken, wenn sie von Sonne oder Mond durchleuchtet werden.
4. Ein Zunehmen deutet auf mögliche Wetterverschlechterung, ein Abnehmen auf wahrscheinliche Wetterbesserung hin.

Erklärung: Unbeständige Wolkenteile in hohen und mittleren Schichten können, falls sie sich hinsichtlich einer Wetterverschlechterung quer zum Oberflächenwind ausrichten, bedeuten, dass es zu örtlichen schweren Regenfällen kommen wird. Auf diesem Foto zeigen die Querwind-Regeln, dass – zumindest für einige Stunden – bedeutende Änderungen des Wetters nicht zu erwarten sind, weil der Oberflächenwind parallel zu der Hauptrichtung der Wolken weht.

Wetterelement	Tendenz	Normale Entwicklung	Normaler Zeitraum	Gefahr	Mögliche Abweichung
Wind	Später zunehmend	Etwas zunehmend vor Fronten Innerhalb von Stunden	Später bedeutende Zunahme	Wenig Änderung	
Sicht	Mäßig oder gut	Tagesgang			
Niederschlag	Später zeitweilig aussetzend	Regen, später Neigung zu Gewittern	Innerhalb von Stunden oder vielleicht eines Tages oder mehr	Starker Regen, wenn Wind rückdrehend	Es bleibt schön.
Bewölkung	2/8–6/8 Ac und Cc	3/8–6/8 Ac und As, mit Ci und Cc	Innerhalb der nächsten Stunden	Später 8/8 gewittriger As und Ac	Bewölkung nimmt ab.
Temperatur	Keine große Änderung	Tagesgang	Tagesgang, jedoch kühler, wenn Regen folgt	Kalt bei Gewitterregen	Es wird warm.
Luftdruck	Keine große Änderung	Fallend oder steigend in geringem Umfang	Innerhalb von Stunden oder Tagen	Später schnellerer Fall, wenn Tiefdruckgebiet sich nähert	Steigend; Wetter bessert sich.

24 Küstenwolken

Wetterlage: Wer in der Nähe einer Küste lebt, weiß, wie unterschiedlich Wind und Wetter hier im Vergleich zum Binnenland sein können. Dieses Küstenfoto ist beispielhaft für einen solchen oft sehr markanten Wetterwechsel. Das Meer wirkt wie ein riesiger Wärmespeicher, und so erlebt der Küstenbewohner viel mildere Winter als die Menschen landeinwärts. Im frühen Frühjahr, wenn die Kraft der Sonne das Land erwärmt, während die See ihre Winterkälte zunächst noch behält, kehrt sich dieser Gegensatz jedoch um. So ist das Frühjahr stets die Zeit des größten Land/Meer-Temperaturkontrastes. Dann kann der kühle Seewind viele Kilometer weit ins Binnenland vordringen und sich dort gegen eine ablandige Luftströmung stemmen oder sie sogar umdrehen. Im Winter ist die verglichen mit dem Land warme See in der Lage, kräftige Schauer zu produzieren, während es landeinwärts trocken bleibt.

Hauptanhaltspunkte:

1. Deutliche und ins Auge fallende Veränderungen der Bewölkungsverhältnisse dicht vor der Küste.
2. Vorwiegend parallel zu oder von der Küste weg wehender Wind bei Schauerneigung; jedoch bei auflandiger Seebrise ohne Bewölkung über Küste oder Meer. Siehe Tafel 19.
3. Kenntnis der wahrscheinlichen Meeres- und Lufttemperatur trägt dazu bei, die Wetterverhältnisse auf See richtig zu beurteilen.

Erklärung: Der Yachtsegler kann die Wetterverhältnisse außerhalb des Hafens auch vom Land aus richtig einschätzen. Der Wind nimmt um 1–2 Beaufort oder mehr zu, sobald man den Schutz des Landes verlässt. Die im Hafen gemessene Höchstgeschwindigkeit der Böen entspricht also der auf See herrschenden Windstärke.

Eine Küste kann sich als eine Zone der Wetterveränderung erweisen, und zwar:

1. Die Luft ist instabil über See, aber stabil geschichtet über Land (wie hier gezeigt).
2. Die Luft über See ist stabil, über Land jedoch instabil. Weht der Wind parallel zur Küste oder ist er ablandig, so ergibt sich eine umgekehrte Situation mit Wolken über Land, aber ohne Wolken über See.

Wetterelement	Tendenz	Normale Entwicklung	Normaler Zeitraum	Gefahr	Mögliche Abweichung
Wind	Zunehmend, auf See böig	Bft 3–4 über Land bis Bft 4–5 über See	Beim Erreichen offener Seeräume	Bft 6, mit Böen von 7 oder 8	Bft 2–3 über Land und Bft 3–4 über See
Sicht	Gering in den Schauern auf See	Von 10–15 km außerhalb von Schauern bis 1–5 km in Schauern	Schauer kommen und gehen innerhalb von Minuten	Weniger als 1 km in Schneeschauern	Über 50 km
Niederschlag	Regen oder Schneeschauer auf See	Seltene Schauer im Binnenland, häufige Schauer auf See und dem unmittelbar angrenzenden Küstenstreifen	Beim Verlassen des Küstenstreifens nach See zu	Hagel und Gewitter, aber vorübergehend	Häufige Schauer über Land und wenige auf See
Bewölkung	2/8–4/8 Cu und Cb über Land, 4/8–7/8 Cu und Cb auf See	Auf See entstandene Wolken kommen über Land, wenn Wind auflandig, Landwolken über See, wenn Wind ablandig	Einige Stunden oder mehr, vielleicht schnelle Entwicklung, wenn Land stark erhitzt	Schlauchartige Wolken, d. h. Wasserhosen auf See	
Temperatur	Erscheint kühler auf See	Von normal für die Jahreszeit an Land bis bei Schauern kühl auf See, ungeachtet der höheren Meerestemperatur	Während des Eintrittes ins Schauergebiet		

Index